COURS

DE
GÉOMÉTRIE PRATIQUE,

D'ARCHITECTURE MILITAIRE,

DE PERSPECTIVE ET DE PAYSAGE,

AVEC

UN DICTIONNAIRE

DES TERMES

DE L'ARCHITECTURE,

DIRIGÉS

RELATIVEMENT aux Connoissances essentielles que doivent avoir, dans ces quatre premiers genres d'étude du Dessein, les jeunes Gentilshommes destinés à l'Etat Militaire.

PAR C. DUPUIS,

Professeur d'Architecture à Versailles, Maître de Dessein de Messieurs LES PAGES de Monseigneur le Comte DE PROVENCE, & de la Jeune Noblesse.

A PARIS;

Chez { JOMBERT, Père, Libraire, rue Dauphine.
KNAPEN & DELAGUETTE, Libraires Imprimeur, au bas du Pont Saint Michel.
JOMBERT, Fils, Libraire, rue Dauphine.

M. DCC. LXXIII.

AVEC APPROBATION ET PRIVILEGE DU ROI.

A MONSIEUR

LE MARQUIS

DE MONTESQUIOU,

Brigadier des Armées du Roi, & premier Ecuyer de Monseigneur le Comte DE PROVENCE, &c. &c. &c.

MONSIEUR,

EN defirant de faire paroître cet Ouvrage fous vos aufpices, je n'ai point eu en vue de fatisfaire ma vanité par l'éclat de votre Nom; c'eft à vos lumières & à votre caractère bienfaifant que ma reconnoiffance en fait hommage. La haute Naiffance n'en impofe qu'à la multitude, tandis que le mérite perfonnel d'un Grand, qui réunit à la connoiffance des Beaux Arts, un goût naturel & fûr, qui, dans fes vues patriotiques, veut le bien, le fait, & encourage ceux qui y contribuent fous fes ordres, fixe le fuffrage

iv

du Public éclairé, & entraîne celui des Artiftes mêmes. Voilà, MONSIEUR, ce qui vous caractérife, ce qui honore la place que vous occupez, & ce qui fait le plus grand appui de ceux dont vous dirigez les travaux. Après avoir contribué à l'éducation des Petits-Fils du Prince qui nous gouverne, votre mérite, bien plus que la faveur, vous a mis dans une place d'où dépend l'éducation d'une partie de la Jeune Nobleffe. Ces Enfans, que la Patrie chérit, parce que leurs Pères ont verfé leur fang pour elle, fentent & fentiront encore bien plus un jour, le prix des foins que vous vous donnez pour leur avancement. C'eft leurs progrès que j'ai eu particulièrement en vue dans cet Ouvrage que vous me permettez de vous offrir; je n'ai rien négligé pour y mettre toute la clarté & la précifion qu'il exige: vous y trouverez par-tout, MONSIEUR, le précepte appuyé fur l'expérience, & la théorie confirmée par la pratique. Puiffent mes fuccès répondre au defir que j'ai d'être utile à ma Patrie, & mes travaux mériter les bontés dont vous m'honorez!

J'ai l'honneur d'être avec un profond refpect,

MONSIEUR,

Votre très-humble & très-
obéiffant Serviteur,
DUPUIS.

PRÉFACE.

L'Etude du Dessein, par rapport à la Jeune Noblesse, doit être divisée en plusieurs genres, & former l'assemblage des connoissances suffisantes dans cet Art, pour caractériser un bon Militaire.

La Fortification qui est une science de première nécessité, exige une étude particulière de l'Architecture Militaire applicable aux portes de Ville, avec ponts-levis & ponts dormans, & aux corps de caserne : cette étude donne des idées justes de la décoration & de la distribution des Edifices Militaires, & procure encore l'intelligence de la décoration & de la distribution des Bâtimens civils qui conviennent à l'utilité particulière ; ainsi la première étude du Dessein doit être fondée sur les principes de l'Architecture, après avoir acquis quelques connoissances sur la Géométrie pratique, & dessiné quelques profils en grand, parce qu'un Militaire instruit est un Ingénieur dans l'occasion, & qu'un Ingénieur, sans vouloir être Architecte, ne peut ignorer les proportions que doivent avoir les Edifices Militaires, qui, quoique très-simples, exigent certaines règles, desquelles on ne peut s'écarter sans tomber dans quelques défauts. Les Ordres Toscan & Dorique, qui sont les deux premiers des cinq Ordres d'Architecture, suffisent à cet égard, en y joignant la théorie des trois autres. On ne sçauroit trop s'assujettir à les connoître à fond, à les dessiner proprement, & à les ombrer à la plume ou au lavis, parce que cette précision conduit infailliblement à traiter avec moins de difficultés le Paysage.

L'étude de la Perspective doit succéder à celle de l'Architecture, parce que sans elle on ne peut juger sainement des effets de la nature, ni dessiner le Paysage avec succès.

L'étude du Payfage doit fuivre celle de la **Perfpective, &** conduit à rendre la nature telle qu'elle fe préfente à nos yeux. Mais il ne fuffit pas de le bien deffiner en le copiant, il faut fe mettre à portée de le compofer ou de le deffiner d'après nature.

On ne peut difconvenir que plufieurs Auteurs ont traité fort amplement ces trois genres d'étude ; mais par ce Traité, qui peut être regardé comme un abrégé de tous les autres, on eft fuffifamment inftruit, même dans le cas où l'on defireroit augmenter fes connoiffances & apprécier le mérite des Artiftes qui ont élévé les fuperbes monumens qui marquent de toutes parts la magnificence de nos Rois, & de ceux de nos jours, qui ont élevé des édifices qui caractérifent le bon goût de la Nation.

On ne parle pas dans ce Traité de la Figure, de l'Ornement & de la Gravure, genres d'étude qui ne font pas moins utiles que les autres, parce qu'on eft certain qu'il y a d'excellens principes connus, & qui s'acquierent avec l'expérience.

COURS
DE GÉOMÉTRIE PRATIQUE,
D'ARCHITECTURE MILITAIRE,
DE PERSPECTIVE ET DE PAYSAGE.

CHAPITRE PREMIER.

DES PROCÉDÉS DE LA GÉOMÉTRIE PRATIQUE.

LES figures qu'on se propose de faire, sont ou planes, ou solides ; les planes se font sur le papier, sur un mur, ou sur le terrein.

PROBLEME I.

Elever une perpendiculaire d'un point donné dans le milieu d'une ligne droite, soit le point donné L *au milieu de la ligne* I K. [Pl. 1. Fig. 1.]

Du point L décrivez d'une même ouverture de compas les arcs IK, ouvrez le compas à discrétion, & des points I & K faites la section M par le point L & la section M menez la ligne L M, qui sera la perpendiculaire désirée.

PROBLEME II.

D'un point donné C, hors une ligne droite A B, abaisser une per-pendiculaire sur cette ligne. [Fig. 2.]

Du point C pris pour centre, décrivez à volonté un arc E F, qui coupe la ligne A B en deux points E & F; de chacun de ces points & d'une ouverture de compas à discrétion, faites la section D au-dessous de la ligne A B, des points D & C, abaissez la perpendiculaire C D.

PROBLEME III.

Elever une perpendiculaire à l'extrémité d'une ligne AB. [Fig. 3.]

Du point A, comme centre, & de l'intervalle A B, décrivez à volonté l'arc B C du point B pour centre, & même intervalle, décrivez l'arc A E; du point F, section des deux arcs, & même intervalle, c'est-à-dire même ouverture de compas, décrivez l'arc D; menez par les points B & F la ligne B D, terminée par la section D; élevez du point A au point D la perpendiculaire A D.

PROBLEME IV.

Elever une perpendiculaire à l'extrémité d'une ligne AB. [Fig. 4.]

Du point C pris à volonté, & comme centre, décrivez une portion de cercle D A E : du point D au point C tirez la ligne D E, le point E sera le point de section, du point A au point E, tirez la ligne A E qui sera la perpendiculaire désirée.

PROBLEME V.

Par un point donné G, mener une ligne droite parallèle à une ligne donnée AB. [Fig. 5.]

Du point G décrivez l'arc I E K, ensorte qu'il touche la ligne A B; du point F, placé à discrétion sur la ligne A B, & de la

même

même ouverture de compas décrivez l'arc **L H M**, & par le point **G**, menez la ligne **C D** tangente à l'arc **L H M**.

Probleme VI.

Diviser une ligne droite **AB** *en tant de parties égales qu'on le jugera à propos, par exemple en sept.* [Fig. 6.]

De la distance **AB**, & du point **A** comme centre, décrivez l'arc **BD**; du point **B** comme centre & même ouverture de compas, décrivez l'arc opposé **A C**, bornez à volonté sur ces deux arcs l'ouverture des deux angles **AC** & **BD**; prolongez les lignes ponctuées **A m** & **Bl**, à discrétion, portez une ouverture de compas à volonté sept fois sur la ligne ponctuée **A** vers m, également sur celle **B** vers l ; ensuite tirez les lignes ponctuées **B**. m, d. a, e. n, & elles diviseront la ligne **AB** en sept parties égales, il en résulte plus de netteté & d'exactitude que si la ligne **A B** eût été divisée par tatonnement, & l'opération n'est pas plus longue.

Probleme VII.

Par trois points donnés **ABC**, *faire passer la circonférence d'un cercle.* [Fig. 7.]

Des points **A** & **B** faites les sections **E** & **F**; tirez la ligne ponctuée **E F** des points **B** & **C**, faites les sections **G H** ; tirez la ligne ponctuée **G H** jusqu'à ce qu'elle coupe celle **E F**: l'intersection **I** sera le centre du cercle qui doit passer par les points **ABC**.

Probleme VIII.

Par l'extrémité d'une portion de cercle **H L** *dont le centre est perdu, tirer une ligne droite qui tende au centre.* [Fig. 8.]

Du point **H** faites à discrétion les deux distances égales **HI** & **I K**, ouvrez le compas à volonté, & des points **K** & **H** pour centres, décrivez les arcs M N & O P, qui se coupent en R; du point I & même ouverture de compas, décrivez l'arc T V, du point H pour centre & intervalle I R, décrivez l'arc X qui coupe T V; au point X, tirez par le point X & H la ligne H X qui sera croisée par la ligne prolongée R I, jusqu'en S qui sera le centre cherché.

PROBLEME IX.

D'un point donné A dans la circonférence du cercle, tirer une tangente au cercle. [Fig. 9.]

Du point A tirez le rayon A C, auquel menez A B perpendiculaire; cette ligne sera la tangente qu'on desire, c'est-à-dire qu'elle ne touchera le cercle qu'au point A, & que tout autre point de cette ligne, comme le point B sera hors le cercle.

PROBLEME X.

Diviser un cercle en huit parties égales. [Fig. 10.]

Pour le diviser en deux, tirez un diametre A B, ensuite vous le diviserez en quatre & en huit, en divisant la demie circonférence en deux également aux points C D, & sous-divisant les quatre espaces par moitié.

PROBLEME XI.

Diviser un cercle en six parties égales. [Fig. 11.]

Pour diviser un cercle en six parties égales, il faut porter six fois le rayon A O sur la circonférence aux points B C D E F G, il sera divisé en douze parties égales; en prenant la moitié de ces arcs, on le divisera de la même manière en vingt-quatre. Et si après l'avoir divisé en six, on veut le diviser en trois, on pourra le faire en passant une des divisions, comme de B en D, de D en F & de F en B: si on divise chacun de ces arcs en trois, on aura le cercle divisé en neuf parties égales.

PROBLEME XII.

Divifer un cercle en cinq parties égales. [Fig. 12.]

Pour divifer le cercle en cinq parties égales & en dix , &c. tirez le diametre A B du centre C, élevez la perpendiculaire CD, partagez le rayon C A en deux également au point E ; faites E F égal à ED, prenez avec le compas l'intervalle D F, & l'appliquez fur la circonférence, vous aurez la cinquième partie, ou bien appliquez CF, vous aurez la dixième; après ces opérations il est aifé d'avoir la vingtième, &c.

PROBLEME XIII.

Divifer un cercle en fept parties égales. [Fig. 13.]

Pour avoir la feptième partie d'un cercle, prenez le tiers du cercle A B D, tirez la corde A D, prenez avec le compas la moitié A E, & l'appliquez fur la circonférence, vous aurez la feptième partie du cercle ; l'erreur ne fera que de trois minutes, ce qui eft infenfible dans les petites figures, & même dans la pratique, parce qu'on opere avec un compas.

PROBLEME XIV.

Sur une ligne donnée A B, *décrire un quarré.* [Fig. 14.]

Elevez les perpendiculaires AC, BD, égales à A B, & tirez CD, ou bien du point A comme centre, & de l'intervalle A B décrivez l'arc AF qui coupe la précédente en E. Faites les arcs EF & E G égaux à A E, & coupez-les en deux également en C & en D, tirez les lignes A C, CD, DB, cette Figure fera un quarré parfait,

MOYENS

POUR tracer au Compas plusieurs especes de MOULURES, à l'usage des Ordres & de tous les Membres d'Architecture.

LA Moulure 1. (*Fig.* 15.) est une petite Moulure qu'on nomme Filet, Réglet, ou Listel; elle est composée de deux lignes paralleles: elle se place ordinairement entre les grandes Moulures quarrées ou circulaires, elle les détache les unes des autres, & procure de la variété dans leur distribution. La Moulure 2. (*même Figure*) est une grande Moulure quarrée qu'on nomme Larmier; c'est la plus saillante de toutes les Moulures de cette espece, elle se place alternativement entre les Cimaises aux Corniches des Entablemens des Ordres d'Architecture, ou autres; ainsi 1. est le Listel qui couronne cette Moulure; 2. est la plate-bande du Larmier; 3. est un congé ou adoucissement qui rachete la saillie du Listel qui couronne le Larmier, & qui se trace au compas, en se servant de l'angle d'un quarré parfait pour centre.

La Moulure 1. (*Fig.* 16.) est appellée Tore. On employe ordinairement ces sortes de Moulures aux bases des Ordres, elles se tracent dans un quarré parfait par un demi cercle, dont le centre 1. jonction des diagonales, détermine la moitié de sa hauteur.

La Moulure, (*Fig.* 17.) est appellée Talon. Elle se trace par les sommets de deux triangles équilatéraux, qui ont chacun pour base la moitié de la diagonale qui borne sa saillie, desquels on décrit deux quarts de cercle, opposés l'un à l'autre, qui forment ensemble un Talon.

La Moulure, (*Fig.* 18.) eſt appellée Congé ou eſpece de Cavet qui ſert aux fuſts des colonnes, & généralement à réunir les Moulures horiſontales, ſoit de leurs Aſtragalles, ou des Liſteaux de leurs baſes avec la partie verticale de leurs fuſts, elle ſe trace par le ſommet d'un triangle équilatéral.

La Moulure, (*Fig.* 19.) eſt un Talon renverſé, qui ſe trace de la même maniere que le Talon droit. (*Fig.* 17.)

Les Moulures, (*Fig.* 20 & 21.) ſont des quarts de rond; elles ſe tracent par l'angle d'un quarré parfait qui ſert de centre: celui (*Fig.* 20.) eſt appellé quart de rond convexe, & celui (*Fig.* 21.) quart de rond concave.

CHAPITRE SECOND.

DE L'ORIGINE

DES ORDRES D'ARCHITECTURE.

En lisant l'origine des Ordres d'Architecture, on pourra rencontrer des termes de l'Art qui pourroient embarrasser ; dans ce cas on aura recours au petit Dictionnaire qui est à la fin de ce Traité, qui renferme simplement ceux qui conviennent au discours qui a rapport aux cinq Ordres d'Architecture.

QUOIQUE le mot d'Ordre en général puisse s'appliquer à une infinité de choses différentes, pour signifier qu'elles sont dans l'arrangement qui leur convient ; les Anciens l'ont affecté particulierement à l'Architecture, pour exprimer l'harmonie de plusieurs parties qui, par leurs dispositions bien dirigées, forment un tout qui plaît.

Les Ordres ont été réduits à cinq, sçavoir le *Toscan*, le *Dorique*, l'*Ionique*, le *Corinthien*, & le *Composite*.

Les Grecs, qui ont inventé les Ordres, n'en ont jamais eu que trois, le *Dorique*, l'*Ionique* & le *Corinthien* : les deux autres, c'est-à-dire, le *Toscan*, & le *Composite* ont été imaginés par les Romains ; mais ces deux Ordres, qui font un composé des trois Ordres Grecs, leur sont bien inférieurs en beauté.

L'Ordre *Toscan* ne peut être employé que dans les ouvrages massifs ; on peut s'en servir avec succès aux portes de Ville.

L'Ordre *Composite* est admis par les Anciens & les Modernes pour cinquième Ordre. Quelles peuvent être les raisons des premiers ? Celle des tems où il a été introduit par les Romains : cela a quelque vraiſemblance; mais pour les Modernes, ils auroient pu, ce ſemble, éviter de s'aſtreindre à une proportion & une décoration qui ſont impraticables dans le cas où l'on deſireroit élever l'un des deux Ordres ſur l'autre, eu égard à leur égalité de proportions, &, pour ainſi dire, de décoration; quoi qu'il en ſoit, c'eſt l'inférieur en beauté qui doit ſervir de ſous-baſſement au plus riche; ces raiſons ont déterminé l'Auteur, dans ſon Traité ſur les Ordres d'Architecture, (a) à le réduire de vingt modules de hauteur qu'il avoit compris baſe & chapiteaux à dix-neuf modules, & à le placer entre l'Ordre Ionique & l'Ordre Corinthien; mais pour que cette diminution paroiſſe moins ſenſible, il en a pris la principale partie ſur le chapiteau qu'il a décoré de manière qu'il ſoit plus riche que le chapiteau de l'Ordre Ionique, & inférieur à celui de l'Ordre Corinthien. Cette nouvelle proportion fixe la véritable place que cet Ordre doit occuper parmi les quatre autres, & le met dans le cas d'être élevé ſur l'Ordre Ionique, ou ſervir de ſous-baſſement à l'Ordre Corinthien; il ſeroit inutile d'entrer à cet égard dans un plus long détail, parce que ce n'eſt ici qu'une affaire de convention entre les Artiſtes: ainſi dans la deſcription des Ordres d'Architecture, on ſuivra l'arrangement que leur ont preſcrit les Anciens, adopté des Modernes.

Dans tous les Ordres d'Architecture, la colonne eſt compoſée de trois parties, de la baſe, de la tige ou fuſt, & du chapiteau, quant aux piédeſtaux, il n'en ſera pas mention, parce qu'en conſidérant les colonnes comme les jambes de l'édifice, il ſeroit ridicule de leur donner d'autres jambes qui deviendroient très-inutiles, & détruiroient la beauté & l'élégance des Ordres qu'elles porteroient;

(a) Qui ſe trouve à Paris chez Jombert, pere, rue Dauphine; Knapen & Delaguette, Libraires-Imprimeur, au bas du Pont Saint Michel; Jombert, fils, Libraire, rue Dauphine.

elles n'ont été imaginées fans doute que lorfqu'on a eû des colonnes trop courtes, pour fuppléer à leur défaut d'élévation; car il eft bien certain que rien ne donne à l'Architecture un air plus pefant que ces maffifs anguleux qu'on fait fervir de fous-bafe aux colonnes; d'ailleurs, lorfque l'intervalle en hauteur, que doit remplir les colonnes, eft déterminé, fi l'on fupprime les piédeftaux, & qu'on les pofe fur de fimples dez ou focles de peu de hauteur, elles deviendront plus agréables aux yeux, & auront plus de rapport à la maffe générale de l'édifice qu'elles décorent; donc d'après ce principe qu'on croit fondé, les piédeftaux ne ferviront plus qu'à porter des ftatues.

Dans tous les Ordres d'Architecture, l'entablement eft divifé en architrave, frife, & corniche.

Il y a deux fortes de moulures qui fervent à caractérifer les Ordres d'Architecture; ce font les moulures quarrées & les moulures rondes; les premières ont par elles-mêmes quelque chofe de fec, les fecondes ont beaucup de douceur & de grace; lorfque ces moulures fe trouvent afforties & mélangées avec goût, il en réfulte un grand avantage pour l'Architecture; chaque moulure eft un champ fur lequel la fculpture peut s'appliquer, en évitant la confufion dans les ornemens, & laiffant des intervalles, c'eft-à-dire des repos; car fi l'on veut enrichir fagement les moulures, il ne faut iamais tailler deux membres de fuite, on en laiffera toujours un fans fculpture; il y a cependant des cas où on ne peut fe difpenfer de décorer deux moulures de fuite, par exemple, lorfqu'il y a une baguette fous un quart de rond; ce font deux moulures rondes qui ne s'accorderoient pas, fi l'une des deux reftoit lice, mais alors il faut faire choix d'un genre d'ornement qui convienne à l'une & à l'autre, fans fe confondre.

On prétend que l'Ordre Dorique fut inventé par un nommé Dorus, Roi d'Achaie, qui l'employa dans Argos à la conftruction

du

du superbe Temple qui fut érigé à la Déesse Junon, & qu'ensuite on
en bâtit un autre dans Delos à Apollon, à l'occasion duquel on
imagina les triglyphes, pour représenter la lyre dont ce Dieu étoit
l'inventeur.

L'Ordre Dorique aura toujours la prédilection des Architectes
qui aiment à se signaler en s'engageant dans les voies difficiles, car
la grande difficulté de cet Ordre consiste dans le mélange alternatif
des triglyphes & des métopes qui décorent la frise de son entablement, parce que les triglyphes doivent toujours avoir la forme d'un
quarré long, & les métopes, celle d'un quarré parfait, & lorsqu'on veut accoupler cet Ordre, on s'apperçoit que cette division
est extrêmement gênante, attendu qu'on ne pouvoit l'accoupler sans
que les bases des colonnes & même les chapiteaux se pénétrent,
ou que le métope, qui est placé entre les deux colonnes, soit plus
large que haut, deux fautes qui ne devroient jamais se tolérer. On
trouvera dans ce Traité cette difficulté levée, parce qu'il falloit nécessairement donner des principes pour faciliter l'accouplement de
cet Ordre qui convient à la décoration des portes de Villes.

L'Architrave de l'entablement est très-simple, il n'y a de remar-
quable que les gouttes pendantes au bas des triglyphes, qui sont
communément en forme de pyramide quadrangulaire enclavés,
ou de cônes tronqués & enclavés.

La Frise est le plus bel endroit de tout l'Ordre ; il doit toujours
y avoir un triglyphe répondant directement à l'axe ou milieu de la
colonne, parce que les triglyphes représentent les bouts des soli-
ves, & qu'il est naturel qu'ils posent sur leur appui.

La Corniche est ornée de mutules placés au-dessous du larmier &
au-dessus de chaque triglyphe. Cet ensemble a quelque chose de si
frappant & de si régulier, qu'il mérite l'attention des connoisseurs ;

car on peut dire que l'Ordre Dorique est un bel Ordre d'Architecture décoré de membres lices, dont l'admirable distribution le distingue des autres Ordres.

L'Histoire ne nous apprend pas positivement quel est l'Auteur de
l'Ordre Ionique; l'on sçait seulement qu'un nommé Ion, Athénien,
fut choisi par sa Nation pour être chef de treize Colonies, qui furent
envoyées dans l'Asie mineure, où ils s'établirent dans la Carie,
nommée ensuite Ionie, pour faire honneur à Ion qui en avoit fait
la conquête, & qui y fit bâtir treize grandes Villes dont la plus considérable étoit Ephese, où l'on éleva un Temple à Diane, dont
l'Ordre étoit différent du Dorique, & comme ce Temple eut ensuite
beaucoup de réputation, on nomma le dessein selon lequel il avoit
été construit l'Ordre Ionique, pour marquer la Province où il avoit
pris naissance.

La beauté de l'Ordre Ionique plus léger & plus délicat que le
précédent, consiste dans ses ornemens, dont le charme n'est altéré
par aucune imperfection sensible; la base est une des plus belles: on
la nomme base attique, ses deux tores de différentes grosseurs, réunis
par une Scotie, font un très-bel effet; cette base présente à la fois
solidité & beauté.

Le chapiteau Ionique est la partie de tout l'Ordre où il règne le
plus d'invention, & qui en marque plus vivement le caractère; un
astragale, un ove, des volutes surmontés d'un talon & d'un tailloir
quarré, en font toutes les richesses; la grande beauté de ce chapiteau
vient des deux volutes qui le décorent d'une manière très-gracieuse.
On a l'obligation à Scamozzi d'avoir perfectionné ce chapiteau; car
cet Auteur a imaginé de faire les quatre faces pareilles & toutes à volutes pour éviter les faces à balustres reunies par une pomme inter-
médiaire, qu'on nomme ceinture ou baudrier, qui le rendoit moins

intéreffant & fouffroit quelques difficultés aux angles faillans, cu retour du portique, parce que le chapiteau de la colonne angulaire préfentoit d'un côté fa face à volutes, & de l'autre fa face à baluftres, ce qui faifoit un contrafte fingulier qu'on évite en faifant, ainfi que Scamozzi, les quatre faces femblables.

Les Modernes ont encore enchéri fur l'invention de Scamozzi, qui avoit confervé le tailloir quarré, & laiffé l'épaiffeur qui fait la jonction des volutes, égales par-tout; ils ont imaginé de faire cette épaiffeur de manière qu'elle aille toujours en s'élargiffant par-deffous; ils ont auffi échancré & courbé le tailloir, en lui faifant fuivre, à toutes les faces, l'inflexion des faces des volutes; ce qui donne toute la grace poffible à ce chapiteau; il feroit même difficile d'ajouter quelque chofe à fa perfection.

L'Entablement Ionique répond à l'élégante fimplicité de tout le refte; fa corniche eft charmante; elle n'a qu'une médiocre faillie qui eft effacée par les membres qui foutiennent le larmier: elle eft la mieux prife & la plus avantageufe de toutes les corniches, & n'ayant que des ornemens fimples, tels que les denticules toujours taillés en dents, & les modillons qui foutiennent le larmier dont la fophite eft creufe.

Vitruve, en parlant de l'Ordre Corinthien, dit qu'il fut inventé par Callimachus, Sculpteur Athénien, qui demeuroit alors près de la Ville de Corinthe, une des plus confidérables de la Grece; & comme il y a apparence que c'eft là où cet Ordre fut mis en ufage pour la première fois, c'eft fans doute ce qui lui en a fait retenir le nom: d'autres prétendent que le chapiteau Corinthien tire fon origine du Temple de Salomon; mais fans entrer dans un plus long détail, il faut convenir que l'Ordre Corinthien eft le chef-d'œuvre de l'Architecture, & que tout ce qu'on a pu faire de mieux jufqu'ici, a été d'atteindre à la beauté de cet Ordre qui vient de ces premiers Inventeurs. Il eſt réſervé à cet Ordre bien exécuté de faire les grandes impreſſions par la nobleſſe de ſon caractère & la grande manière de ſes ornemens : il ſeroit à ſouhaiter qu'on adapte à cet Ordre la belle baſe attique dont l'invention eſt infiniment ſenſée ; car celle dont on décore cet Ordre n'eſt autre choſe que la baſe Ionique , augmentée d'un grand tore, immédiatement au-deſſus du plinthe , de manière que le défaut de cette baſe eſt d'être trop délicate , ce qui fait qu'elle manque d'un certain air de ſolidité ſi deſirable & ſi néceſ-ſaire à toutes baſes ; les moulures en ſont ſi fines qu'au moindre effort elles doivent ſe briſer.

Le chapiteau Corinthien eſt un chef-d'œuvre de l'art ; c'eſt par cet endroit que l'Ordre Corinthien eſt ſenſiblement au-deſſus de tous les autres ; il a une grace parfaite, & il eſt de la plus grande richeſſe ; c'eſt un grand vaſe rond , couvert d'un tailloir recourbé ſur les quatre faces ; ce vaſe eſt couvert par le bas de deux rangs de feuilles, dont les courbures ont une médiocre ſaillie ; du ſein de ces feuilles ſortent des tiges ou caulicoles qui vont former de petites volutes ſous les coins du tailloir & des quatre milieux , ce qui procure à la ſaillie du tailloir un appui des plus élégans; enfin il règne dans tout cet aſſortiment une douceur, une harmonie que le goût ſeul peut faire ſentir. L'idée du chapiteau Corinthien, à ce que dit l'Hiſtoire, eſt venue par l'effet du haſard au Sculpteur Callimaque , il découvrit un vaſe autour duquel une plante d'Acanthe avoit négligemment élevé ſon feuillage & ſes tiges ; ce vaſe avoit été placé ſur le tombeau d'une jeune fille de Corinthe par ſa nourrice , qui l'avoit rempli de tous les petits effets qu'elle avoit aimés pendant ſa vie , & pour empêcher qu'ils ne ſe gâtent par la pluie , elle le couvrit d'une tuile ; il arriva qu'au printems les branches d'Acanthe s'élevèrent autour du vaſe & ſe recourbèrent fous les coins de la tuile, ce qui produifit une forme de volutes, c'eft de cet événement, felon Vitruve, que l'Ordre Corinthien prit fon origine.

Le Vafe, qui fait le fond de ce chapiteau, eft un corps folide qui a toute la force néceffaire pour porter le tailloir & l'architrave; les feuilles d'Acanthe & les caulicoles qui couvrent ce vafe, ne le dérobent point entièrement à la vue, il paroît affez pour rappeller à l'imagination l'idée de fon origine, & la raffurer; car fans cela elle feroit effrayée de voir un tailloir porté par de fimples feuilles ou tigettes, quoique ces feuilles qui font courbées & délicates, défignent bien qu'elles ne portent rien, & qu'elles n'y font que pour l'ornement.

L'Entablement Corinthien a beaucoup de reffemblance avec l'Ionique; mais les ornemens y font plus multipliés, & la corniche n'eft pas fi parfaite; elle eft compofée d'un denticule qui ne doit pas être taillé en dents, à caufe des modillons qui font au-deffus, & qu'il ne feroit pas naturel de mettre les denticules, qui font comme les chevrons fous les modillons qui tiennent lieu de force. Ces modillons avec leurs arrières-corps font couronnés d'un talon, d'un larmier, &c. Le feul inconvénient de cette corniche, c'eft fa grande faillie; le plafond du larmier eft prefqu'auffi pefant que celui de l'Ordre Dorique; il eft vrai qu'on ne peut difconvenir que ce plafond eft joliment hiftorié, par le mélange des modillons & des caiffes quarrées qu'on remplit par une rofe fculptée, ce qui autorife à dire qu'il feroit difficile de faire difparoître ce leger défaut, fans toucher aux vraies beautés; on obferve toujours que les modillons foient difpofés de manière qu'il y en ait un qui réponde au milieu ou axe de chaque colonne.

Les Romains, après s'être rendus maîtres de l'Univers, enrichirent

Rome, non-feulement de tous les tréfors que leur procurèrent leurs conquêtes, mais introduifirent encore tout ce qu'ils trouvèrent d'admirable chez les Etrangers, particulièrement leur manière de bâtir, que des ouvriers, leurs efclaves, leur enfeignoient ; & bientôt furpaffant en magnificence toutes les autres Nations, leurs édifices devinrent dans la fuite les plus excellens modeles qu'on put imiter ; & pour enchérir fur ce qu'ils tenoient des Grecs, ils voulurent fe faire un Ordre plus riche que tous les autres : & comme dans ce tems-là la matière étoit déjà épuifée, ils prirent des autres Ordres ce qui leur parut de plus beau & en firent celui qu'on a nommé depuis l'Ordre Compofite ; la feule Province de Tofcane ne voulant rien devoir aux Grecs, fes plus cruels ennemis, inventa l'Ordre qui depuis a confervé fon nom, & pour fe paffer abfolument des autres, il fallut le deftituer d'ornemens, fe contentant de décorer les Temples & les autres édifices qui devoient avoir quelques reliefs de colonnes, fans piédeftaux & d'un fimple chapiteau furmonté par l'entablement dont la corniche & les autres parties font des plus unies.

Le Compofite de Vitruve a la même bafe que le Corinthien ; fon chapiteau a de grandes reffemblances avec le chapiteau Corinthien ; c'eft également un vafe couvert de deux rangs de feuilles d'Acanthe difpofées de même manière : au lieu de tigettes ou caulicoles, il y a de petits fleurons collés au vafe, & contournés vers le milieu de la face du chapiteau, le vafe eft terminé par un filet, un aftragale & un ove, du dedans de ce vafe fortent de grandes volutes femblables à celles de l'Ordre Ionique ; ces volutes font ornées d'une feuille d'Acanthe qui fe recourbe comme pour foutenir les coins du tailloir, & laiffe tomber de deffous elle fur chaque rebord de volute un fleuron qui le couvre prefqu'entièrement : le tailloir eft femblable à celui du chapiteau Corinthien.

L'Entablement Compofite ne répond pas à la beauté de fon chapiteau ; la corniche eft très-pefante, la forme des modillons n'eft pas
agréable, la faillie du larmier au-delà des modillons eft ridicule, &
rend l'ufage des modillons tout-à-fait inutile, de manière qu'il feroit
fort à propos de la réformer entièrement & d'en compofer une
autre ; mais comme cet entablement a acquis, par l'ufage qu'en ont
fait d'habiles Architectes, un certain crédit qui engage encore aujourd'hui les Artiftes à l'employer, il faudroit, avant d'entreprendre
ce changement, recueillir la pluralité des voix en préfentant un
nouveau modèle, car la plupart des Artiftes ont une fi grande véné-
ration pour les productions des Anciens, que le feul mot de nou-
veauté les révolte.

Lorfqu'on aura lu le détail des Ordres avec attention, il fera facile
de les diftinguer les uns des autres, car il eft clair que l'Ordre Tofcan
fe diftingue par fa fimplicité, n'étant accompagné d'aucun ornement ; l'Ordre Dorique fe connoît par les triglyphes qui fervent à
enrichir la frife de fon entablement, étant le feul où cet ornement
fe rencontre ; l'Ordre Ionique fe fait connoître par les volutes qui
accompagnent le chapiteau ; l'Ordre Corinthien par fon chapiteau
qui eft orné de feuilles d'Acanthe, & de plufieurs ornemens qu'on
n'apperçoit pas dans les précédens, de manière qu'on ne peut s'y
méprendre, enfin on connoîtra l'Ordre Compofite par fon chapiteau
qui a les volutes du Ionique & la forme & les feuilles du Corinthien.

Il y a beaucoup de bâtimens, qui fans avoir de colonnes, ont le
caractère de quelques-uns des Ordres, tant par leur proportion que
par le rapport de leurs détails aux Ordres, tels que les entablemens,
les couronnemens des façades, les grandes portes, &c. Ainfi lorfqu'on voit des triglyphes décorer l'entablement qui termine une
façade, l'on peut dire que cette façade tient fa proportion & fa

décoration de l'Ordre Dorique, & ainsi des autres.

Comme à tous les Ordres la proportion des petites parties dépend de celle des plus grandes, tous les Auteurs tant anciens que modernes ont pris pour mesure commune le demi-diamètre de la colonne, qu'ils ont appellé modules, & qu'ils divisent en un nombre de parties égales, par exemple en 12 pour les Ordres Toscan & Dorique, & en 18 pour les trois autres, de sorte que lorsqu'on dit qu'une colonne a 18 modules de hauteur, on doit entendre que cette hauteur est égale à 9 diamètres, ou 18 demi-diamètres de la colonne, en observant cependant que pour rendre la colonne plus agréable à la vue, on lui a donné moins de grosseur vers son chapiteau que sur la base ; cette diminution fait qu'elle n'est pas cylindrique, & peut avoir plusieurs diamètres; mais pour ne pas s'y tromper, on prendra le demi-diamètre sur le cercle qui répond à la base de la colonne.

Les cinq Ordres augmentent progressivement en proportion & en richesse ; Vignole donne à la colonne Toscane 7 diamètres, compris base & chapiteau, à la Dorique 8 diamètres, à la Ionique 9 diamètres, & à la Corinthienne & Composite 10 diamètres.

L'Auteur a changé ces proportions dans son Traité d'Architecture pour des raisons qu'il expose; il donne 16 modules de hauteur à la colonne Toscane, compris base & chapiteau ; 17 à la Dorique, 18 à la Ionique, 19 à la Composite, & 20 à la Corinthienne.

DÉTAILS DES ORDRES TOSCAN ET DORIQUE.

ORDRE TOSCAN.

L'ORDRE Toscan a 16 modules de hauteur, compris base & chapiteau. Cette proportion paroîtra peut-être un peu forte; mais si l'on considère ce qui a été dit par Daviler à cet égard, dans son Traité d'Architecture, pag. 9, *où il convient que les colonnes à bossages sont employées particulièrement aux portes de Ville, dont la construction doit paroître forte & l'aspect terrible, avec peu d'ornemens; que ces bossages augmentent le module de la colonne, & la rendent plus courte; qu'en conséquence il faut lui donner plus de 7 diamètres,* on se déterminera volontiers en faveur de cette augmentation qui est relative à celle de l'Ordre Dorique qui est d'un module pour favoriser son accouplement.

L'entablement de l'Ordre Toscan a 4 modules 4 parties; le module divisé en 16 parties égales pour tous les Ordres selon l'Auteur, lesquelles doivent servir à déterminer la proportion des moulures.

Comme les dimensions générales se trouvent exactement cotées sur les desseins, on pourra connoître par le discours la proportion des moulures, leurs figures & leurs noms; toutes les moulures sont indiquées par des lettres alphabétiques, par exemple lorsqu'on dira que la plinthe de la base de la colonne Toscane, (Pl. 3. Fig. 1. lettre X.) a 8 parties de hauteur, il suffira d'examiner cette base pour voir que la moulure qui répond à la lettre X, est nommée plinthe, ainsi des autres.

D

DE LA COLONNE. [Pl. 2. Fig. 1.]

LA colonne Toscane a 2 modules de diamètre par le bas, & 1 module 12 parties par le haut, parce qu'elle va en diminuant depuis le tiers jusqu'en haut, c'est-à-dire jusqu'à l'astragale du chapiteau, laquelle diminution sous l'astragale est de 4 parties.

DE LA BASE. [Pl. 3. Fig. 1.]

LA base Toscane a 1 module de hauteur, qui fait 16 parties; la plinthe X en a 8, le tore V 7, & l'anneau ou filet T, 1 p. la saillie de la plinthe & du tore, est de 22 parties ou 1 module 6 parties, de chaque côté, portées de l'axe ou milieu de la colonne, celle du filet 18 parties, le filet & l'astragale Q qui terminent par en haut le fust de la colonne; l'astragale a 2 parties de hauteur, & 18 de saillie, & le filet 1 partie de hauteur.

DU CHAPITEAU. [Fig. 2.]

LA hauteur du chapiteau est de 18 parties & demie, ou 1 module 2 parties & demie, le gorgerin P. en a 6 & demie; le filet O, 1 p. l'ove N, 5 & demie, & le tailloir M, 5 & demie; la saillie du filet est de 17 parties, & celle du tailloir 22.

DE L'ENTABLEMENT. [Fig. 3.]

L'ARCHITRAVE de l'entablement a 20 parties, le réglet I en a 3; la première face K, 9 & demie, & la seconde face L, 7 & demie.

La frise H a 20 parties de hauteur.

La corniche, qui comprend le quart de rond A, la baguette B avec son filet C au dessous, le larmier D, l'ove E, le filet F & le cavet

G, a 28 parties de hauteur ou 1 module 12 parties ; le quart de rond en a 7, la baguette 3, le filet 1, le larmier 8, l'ove 4, le filet 1, le cavet 4 ; cette corniche a 42 parties ou 2 modules 10 parties de saillie.

La frise & la seconde face L de l'Architrave n'ont point de saillie & doivent répondre directement au nud de la colonne, c'est-à-dire du fust supérieur.

On creuse ordinairement sous le larmier un canal que les Ouvriers appellent mouchette pendante, qui sert à rendre le larmier plus léger, & pour empêcher que l'eau coule sur la frise & les autres moulures.

DE L'ORDRE DORIQUE.

DE LA COLONNE. [Pl. 2. Fig. 2.]

LA hauteur de la colonne, compris base & chapiteau, est de 17 modules, & l'entablement 4 modules 4 parties, où le quart de 17 modules hauteur de la colonne, le module divisé en 16 parties égales, cette colonne est diminuée par le haut de 4 parties.

DE LA BASE. [Pl. 3. Fig. 4.]

CETTE base a 16 parties de hauteur, la plinthe b en a 8, le tore a, 4 & demie, l'astragale z 2, & le filet au-dessus 1, la saillie de la plinthe est de 22 parties, celle de l'astragale V du chapiteau 19.

DU CHAPITEAU. [Fig. 5.]

CE chapiteau a 18 parties & demie de hauteur sans y comprendre l'astragale V ; le gorgerin T en a 6 & demie, le cavet S, 2 ; le filet

au-deſſus 1 demie, l'ove ou quart de rond R, 2 & demie; l'abaque
Q du tailloir 3 & demie, le talon P, 2, & le filet au-deſſus, 1 demie;
la cimaiſe du tailloir a 22 parties de ſaillie, &c.

DE L'ENTABLEMENT. [Fig. 6.]

CET entablement, qui a beaucoup de rapport avec celui qui a
été tiré d'une antiquité qui ſervoit à Albane près de Rome, a 4 modules 4 parties de hauteur; les gouttes f qui ſont au-deſſous des triglyphes, doivent toujours être au nombre de ſix, diſpoſées de façon
que leur intervalle en occupe la largeur; ces gouttes ſont pyramida-
les, & quelquefois en forme de clochettes, elles ſont couronnées
par un filet & un réglet dont la ſaillie eſt de 2 parties; les triglyphes
d ſont élevés dans la friſe de toute ſa hauteur, leur largeur eſt de
12 parties pour l'Ordre iſolé, ils ſont refendus de deux canneaux
qui ont chacun 2 parties, ils ſont ſéparés par trois arrêtes qui ont
enſemble 2 parties de largeur, & 1 de ſaillie, accompagnées de
chaque côté d'un demi canal : la diſtance K d'un triglyphe à l'autre,
qu'on nomme métope, doit toujours être égale à la hauteur de la
friſe, ce qui le rend quarré.

L'architrave a 18 parties de hauteur, la ſeconde face O a 5 parties
un quart, la baguette N 1 & demie, la première face M 6 & demie;
la hauteur des gouttes f 2, le filet au-deſſus 1 demi, & la bandelette
L 2 un quart. On a obſervé au-deſſus de l'architrave de racheter ſa
ſaillie, pour que le métope paroiſſe ce qu'il doit être, c'eſt-à-dire
quarré; cette eſpece de talus, qui ſerviroit à procurer l'écoulement des
eaux qui pourroient ſe gliſſer le long de la friſe, a 2 parties de hauteur.

La friſe a 20 parties de hauteur.

La corniche a 28 parties de hauteur, il y en a 2 & demie pour le cavet I, 1 pour le filet H, 2 & demie pour l'ove G, 5 pour la face F, & 4 pour la face e du mutule, 2 pour le talon E, 7 pour le larmier D, 2 & demie pour le talon C, 4 pour le cavet B, & 1 & demi pour le réglet A; la faillie de cette corniche est de 42 parties ou 2 modules 10 parties.

La Figure 7 représente l'imposte destinée au portique de l'Ordre Toscan, & la Figure 8 l'archivolte.

La Figure 9, l'imposte Dorique, & la Figure 10 l'archivolte.

La Figure 3, Planche 2, représente le portique de l'Ordre Toscan avec ses proportions cotées, & la Figure 4, le portique Dorique; ces deux portiques ont leurs plans au-dessous.

DE L'ORDRE DORIQUE ACCOUPLÉ. [Pl. 4.]

Pour parvenir à accoupler cet Ordre régulièrement, il faut de toute nécessité suivre les dimensions de Scammozi, qui donne 17 modules de hauteur à sa colonne Dorique, compris base & chapiteau, par ce moyen l'entablement qui, selon plusieurs Auteurs tant anciens que modernes, doit avoir le quart de la colonne, aura 4 modules 3 parties, (le module divisé en 12 parties égales) on jugera par les détails suivans que cette proportion conduit infailliblement à la régularité de cet accouplement, qui est essentiel dans bien des cas.

Pour que les bases & les chapiteaux des colonnes accouplées ne se pénetrent pas, ce qu'il faut absolument éviter, on donne d'un axe de colonne à l'autre 2 modules 8 parties & demie ou 32 parties & demie, & conséquemment la même distance d'un milieu de triglyphe à l'autre, les bases & les chapiteaux auront 16 parties de faillie, portées de l'axe de la colonne; ainsi les faillies des deux bases entre les deux axes des colonnes, auront ensemble 32 parties, & il y aura entr'elles une demi-partie de séparation, ce qui suffit pour les détacher l'une de l'autre, les chapiteaux seront dans le même cas.

L'architrave a 14 parties de hauteur, & la frise ainsi que la corniche 18 parties & demie, ce qui produit ensemble 4 modules 3 parties pour la hauteur totale de l'entablement, les triglyphes ont 14 parties de largeur, & une partie de saillie pour donner une profondeur suffisante aux canaux.

Suivant ces proportions, le métope aura 18 parties & demie de hauteur & autant en largeur, ce qui le rend quarré, forme désirable, & qui doit faire loi, parce que la beauté de l'entablement de l'Ordre Dorique consiste dans la distribution de ces détails, qui doit être régulière, parce qu'ils sont précieux.

Lorsque les colonnes accouplées seront isolées avec pilastres derriere, l'espace de l'axe de la colonne au nud du pilastre sera de 20 parties & demie, & il y aura dans la frise de l'entablement, sur le retour d'angle, un triglyphe sur le milieu de la colonne, & un métope, qui ensemble décoreront l'espace renfermé entre l'angle rentrant & l'angle saillant, lesquels produisent, à compter du milieu du triglyphe jusqu'à l'angle rentrant, 25 parties & demie, mais il y aura de l'axe de la colonne au nud du pilastre 20 parties & demie, donc le pilastre aura 5 parties d'épaisseur aux retours d'angles, & moins si on le jugeoit à propos entre les deux pilastres.

Par cet arrangement, il se trouvera deux métopes à l'angle rentrant; on observera que si l'on veut décorer la frise par quelques attributs rélatifs à l'édifice, comme cela se pratique assez ordinairement, il convient d'inscrire un second quarré dans le premier, refouillé d'une partie ou d'une partie & demie qui sera la saillie convenable aux différens ornemens qu'on pourroit sculpter dans les métopes qui, par ce moyen, se détacheront l'un de l'autre dans l'angle par la plate-bande ou champ qui régneroit autour du second quarré.

DES CROISÉES.

COMME les CROISÉES sont inévitables dans la composition des Edifices, il convient de connoître leurs proportions & leurs décorations relatives aux différens genres de Bâtimens.

DE LA PROPORTION ET DE LA DÉCORATION DES CROISÉES

RELATIVEMENT aux cinq Ordonnances des Ordres d'Architecture, & à tout autre genre d'Édifices qui auroient un caractère particulier, sans être décorés de Colonnes ou Pilastres.

SCAMOZZI considère la principale entrée d'un édifice comme la bouche de ce même édifice, & les croisées comme les yeux, parce qu'elles reçoivent la lumière de dehors pour l'introduire au dedans; cette partie des bâtimens, si utile, & par laquelle on distingue la demeure des hommes d'avec les cavernes des animaux, doit avoir sa proportion & ses ornemens.

Il faut observer avant toute chose que la grandeur de l'ouverture des croisées soit proportionnée à l'édifice qu'elles éclairent intérieurement, parce que si elles étoient trop petites & trop éloignées les unes des autres, elles rendroient les lieux obscurs, & si au contraire elles étoient trop grandes & trop près les unes des autres, elles affoibliroient les murs dans lesquels elles seroient percées, & causeroient l'excès du chaud ou du froid, ainsi que la ruine de l'édifice, de manière que, pour éviter ces inconvéniens, il seroit à propos de donner une largeur égale aux trumeaux à celle des croisées, pour avoir une distribution régulière & tant plein que vuide.

C'est par la largeur de l'ouverture ou baye des croisées qu'on peut en déterminer la hauteur qui doit être au moins de deux fois la largeur, & au plus de deux fois & demie, d'après ce principe on peut fixer la hauteur des croisées qui auroient rapport aux cinq Ordres d'Architecture, & connoître progressivement leurs proportions particulières, par exemple celle de l'Ordre Toscan qui doit être la plus simple, aura deux fois sa largeur en hauteur, & celle de l'Ordre Corinthien deux fois & demie, ce qui fait une demie baye de différence ; si l'on divise cette différence en 4 parties égales, une de ces 4 parties sera l'augmentation de chacune des quatres croisées, adaptées aux quatre derniers Ordres ; ainsi supposant que la largeur des bayes des cinq croisées soit de 4 pieds, la moitié sera 2 pieds dont le quart est 6 pouces : donc :

La croisée Toscane aura 4 pieds de large & 8 pieds de haut.

Celle Dorique,	. . . 4	 8	. . . . . 6°. de h.
Celle Ionique,	 4	 9	. . . . . o
Celle Composite,	. . 4	 9	 6
Celle Corinthienne,	. 4	 10	. . . . . o

Comme il doit y avoir un rapport de proportion entre les bayes des croisées & leurs chambranles, on divisera la largeur des bayes en 6 parties égales, l'une desquelles sera pour la largeur de leurs chambranles qui acquéreront de la légéreté, à mesure que les croisées augmenteront en hauteur.

Si les croisées étoient couronnées d'un petit entablement, (*comme cela se pratique aujourd'hui, à l'imitation des Anciens*) cet entablement qui seroit celui du grand Ordre réduit, exigeroit une échelle particulière, qui seroit une échelle de réduction : pour la connoître,

il

il faut confidérer le chambranle de chacune des croifées, relatives aux différens Ordres, comme l'architrave de leurs entablemens, qu'on divifera en 20 parties égales, defquelles on en prendra 16 pour former un module (*ainfi que l'Auteur l'a divifé pour tous les Ordres dans fon Traité d'Architecture, excepté l'Ordre Dorique accouplé.*) Avec cette échelle, il fera facile de placer les petits entablemens au - deffus des croifées, auffi régulièrement que s'ils couronnoient les Ordres d'Architecture, en obfervant de donner une demi-partie de faillie aux frifes pour les détacher des murs ; on peut ajouter au-deffus des corniches, des amortiffemens, ou des focles pour porter des grouppes de figures, ou des bas-reliefs, &c. On ne fait pas mention des frontons qu'on place affez communément au-deffus des croifées, parce que leur origine, qui eft raifonnable, ne permet pas cette licence.

Les appuis des croifées doivent avoir 2 pieds 6 pouces de hauteur, & au plus 3 pieds, à moins que des raifons particulières obligent à réduire cette hauteur au-deffous de celles qu'on vient d'indiquer, comme par exemple, s'il n'y avoit pas affez d'élévation de plancher, & qu'on foit obligé d'employer l'efpace renfermé entre deux planchers pour la hauteur des bayes des croifées, afin de procurer plus de jour, & leur donner extérieurement une proportion convenable ; dans ce cas on fuppléeroit aux appuis par des balcons de fer.

La Planche 5 préfente le plan A, l'élévation B, & le profil C d'une croifée Tofcane, dont la baye a 4 pieds de largeur & 8 de hauteur, ornée de fon chambranle D, & couronnée d'un entablement E.

Dans l'ouverture de cette croifée, on y a placé un chaffis ou venteau de menuiferie, qui fert à la fermer & à recevoir des carreaux de verre dans des feuillures qui y font obfervées, ce qui donnera l'intelligence pour toutes les autres ; on a pratiqué dans la hauteur d'appui un abat-jour pour éclairer les fouterrains.   E

INSTRUCTION

Sur les Portes qu'on fait aux Villes de guerre.

Avant qu'on fortifie les Places, comme on le fait aujourd'hui, on avoit recours à toutes fortes d'inventions pour garantir les portes des furprifes ; on pratiquoit à droite & à gauche du paffage des efpeces de corridors ou places d'armes garnis de créneaux qui fervoient à paffer par les armes, ceux qui après avoir enfoncé la première porte, fe trouvoient arrêtés par la herfe ou autre barrière ; on faifoit quelquefois ces paffages de biais, ce qui les rendoit fi obfcurs, parce que l'entrée & la fortie n'étoient pas directement oppofées, qu'ils reffembloient à des coupe-gorges.

Aujourd'hui que la force des Places confifte dans les ouvrages détachés, on fait les portes beaucoup plus fimples ; on fe borne à les couvrir par une demi-lune, lorfqu'elles font conftruites dans le milieu des courtines, & d'en défendre l'entrée par les flancs des baftions voifins.

On a joint à cette inftruction le Plan, la Coupe, & les Elévations Géométrales des façades intérieures & extérieures d'une porte de Ville, avec leurs proportions cotées, pour éviter d'avoir recours à l'échelle.

La Planche 6 préfente le plan & l'élévation d'une porte de Ville, vue intérieurement.

La Planche 7 préfente les élévations de deux portes de Ville, vues extérieurement, dont celle défignée par la lettre A, eft décorée par l'Ordre Tofcan, & celle défignée par la lettre B, eft décorée par l'Ordre Dorique, toutes deux ornées de boffages; au-deffus de ces deux élévations on a repréfenté en grand le poids de bafcule C, dont on connoîtra l'ufage dans la defcription fuivante, où il fera mention des ponts-levis.

Sur la même planche eft une coupe D, prife fur la longueur A B du plan (*Pl. 6.*) pour faire appercevoir l'intérieur & la diftribution des dofferets, &c.

A côté de cette coupe, il y a deux différens deffeins de guérites, placées chacune à l'angle faillant d'un baftion, pour en donner l'idée.

L'ouverture des portes de Villes entre les pieds droits a, b, (*Pl. 6. Fig.* 1.) doit avoir 9 ou 9 pieds 6 pouces fur 13 à 14 pieds de hauteur.

Dans le paffage qui communique d'une ouverture de porte à l'autre, il faut y obferver une diftribution de pilaftres ou dofferets C D E, le plus régulièrement poffible, pour porter les arcs doubleaux de la voute; ils peuvent avoir 2 pieds ou 2 pieds 6 pouces de largeur & 5 à 6 pouces de faillie.

On obfervera auffi entre lefdits doffurets, de pratiquer des arriere-corps c, d, pour affurer une retraite aux gens de pied, dans le cas où le paffage feroit embarraffé par des voitures.

On conftruit au-deffus du paffage deux petits bâtimens E, F, (*Pl.* 7. *Fig.* 4.) celui E faifant face à la Ville, & celui F à la campagne; le premier eft deftiné à loger un Capitaine des portes ou un Aide-Major de la Place; le fecond pour loger l'orgue qui eft une porte à couliffe qui fe leve & fe baiffe perpendiculairement par le moyen d'un tour qu'on lâche de façon que l'orgue peut tomber tout d'un coup : cette porte fert à couper le paffage aux ennemis, fi l'on étoit furpris dans un tems de fiege, après avoir rompu le pont-levis par le canon.

Pour veiller à la sûreté des portes, on pratique deux corps-de-garde C, D, (*Pl. 6. Fig.* 1.) l'un pour l'Officier, & l'autre pour les Soldats, & entre les deux corps-de-garde fous le paffage deux veftibules pour faciliter le fervice.

Le corps-de-garde de l'Officier ne devant pas être fi grand que celui des Soldats, on en retranche une partie, pour faire une prifon, qui eft défignée par la lettre E fur la même planche, c'eft-à-dire fur le plan.

A côté des corps-de-garde, on place deux efcaliers F, G, pour monter aux remparts, & communiquer dans les bâtimens qui font élevés fur les deux portes.

On peut orner d'Ordres d'Architecture les portes de Ville : les Ordres Tofcan & Dorique peuvent y être employés, étant fufcep-tibles d'être revêtus de boffages, genre ruftique qui convient aux entrées des Places, pour annoncer une noble réfiftance : ces portes fe ferment ordinairement par des ponts-levis, qu'on peut lever ou baiffer à difcrétion.

Il eft bon de prévenir que lorfqu'on décore une façade & que la décoration eft fufceptible de parties faillantes ou avant-corps, on ne peut s'affurer de leurs effets & de celui des arriere-corps fur une fimple élévation géométrale, fans le fecours de la perfpective.

INSTRUCTION

Sur les Ponts-Levis.

Ayant déterminé sur le plan (*Pl. 6. Fig. 1.*) la largeur a. b, de la porte extérieure, il faut de part & d'autre intérieurement reculer les pieds droits d'environ 4 pieds, comme de e en f, afin d'avoir deux renfoncemens pour y loger les coulisses g. g, sur lesquelles doivent rouler les poids de bascule h. h, qui servent à faire mouvoir le pont.

L'élévation G (*Pl. 7. Fig. 4.*) d'une de ses coulisses, qu'on nomme sinusoïde, représente sa forme; elle est exécutée en maçonnerie; on y voit le poids de bascule suspendu, parce que le pont est baissé; il est attaché à une chaîne qui passe sur deux poulies à travers du mur de face pour aller joindre le chevet H, L, du pont qui doit être de longueur suffisante, pour que les chaînes qui sont à ces extrêmités se trouvent exactement attachées vis-à-vis des poulies, ce qui est sensible.

Rien n'est plus facile que de lever ce pont par le moyen des poids de bascule & des sinusoïdes; il n'est question que d'aider les poids à vaincre le frottement, pour que le pont se leve, ce qui peut se faire sans y employer beaucoup de force, sur-tout si les poids sont en équilibre avec le pont, ce qu'il est facile de connoître en calculant les deux pesanteurs; on pousse simplement le tablier I du pont pour le faire descendre, & lorsqu'il est descendu sur le premier chevalet L H du pont dormant, on l'arrète avec des verrouils.

Pour éviter de toucher aux poids de bascule, lorsqu'on veut les faire descendre, le moyen le plus simple seroit d'accrocher deux chaînes au pont qui se réuniroient, pour passer sur une poulie placée au milieu des tableaux de la porte, de sorte que lorsqu'on voudroit fermer la porte, c'est-à-dire élever le pont-levis, un seul homme puisse suffire en tirant ces chaînes qui aideroient les poids de bascule à descendre.

Il faut observer que la piece de bois, qui est au chevet du pont, soit d'une grosseur suffisante pour résister à l'effort du pont, lorsqu'il est en mouvement, sans cette précaution elle pourroit se rompre.

Le plancher du pont-levis est composé de madriers de deux pouces d'épaisseur; il est porté par des soliveaux de 5 à 6 pouces de grosseur: pour conserver ce plancher, on le couvre de barres de fer de 7 pieds de longueur & 2 pouces de largeur, posées tant plein que vuide, & attachés chacune avec 4 crampons.

Les poids de bascule C, (*Pl.* 7. *Fig.* 3.) doivent être cylindriques, pour rouler plus facilement le long des coulisses; ils sont percés dans le milieu par un trou d'un pouce en quarré, afin d'y passer un essieu qui serve à entretenir la chape G qui doit en faciliter le mouvement, les extrêmités de ces essieux doivent être arrondies pour qu'ils puissent tourner avec le poids dans la chape.

Les coulisses doivent être creusées d'environ 6 à 7 pouces, & terminées par deux bordures de 8 pouces d'épaisseur, pour entretenir le poids & l'obliger à faire toujours le même chemin. Dans le fond de chaque coulisse, on met deux barres de fer plates qui font la même courbure que la sinusoïde; c'est sur ces barres que roulent les poids, ce qui diminue le frottement qui seroit plus considérable, s'il se faisoit simplement sur la pierre qui s'useroit avec le tems; on applique aussi des bandes de fer sur les bords des coulisses, contre lesquelles les deux cercles ou bases des cylindres puissent glisser, sans s'accrocher, en observant de laisser de part & d'autre 2 ou 3 lignes de jeu, pour que les poids roulent fans contrainte.

On peut fermer les niches dans lefquelles font conftruites les finu-foïdes par des cloifons de madriers, pour que les paffans ne puifent toucher aux poids, ou détruire la maçonnerie : on y pratique une porte pour y communiquer au cas de befoin.

Les ponts-dormans M, (*Pl. 6. Fig.* I.) qu'on fait pour paffer les foffés des fortifications, font toujours de charpente, & élevés fur plufieurs chevalets qui font pofés fur des pilles de maçonnerie, dont la hauteur fe fixe fur la profondeur du foffé : ces fortes de ponts ont affez ordinairement 14 pieds de large, & font couverts de madriers de 4 pouces d'épaiffeur, chevillés avec des broches de fer de 8 à 9 pouces de longueur : pour les conferver, on les couvre d'un pavé plus élévé dans le milieu que fur les bords, afin de faciliter l'écoulement des eaux.

INSTRUCTION

SUR LES CORPS DE CASERNES.

Pour maintenir le bon ordre dans la Garnifon des places, on y fait des cafernes pour loger les Troupes ; il eft certain que lorfqu'elles font cafernées, elles font bien plus tranquilles, par la commodité que les bas Officiers ont de faire l'appel tous les foirs, ce qui ne peut fe pratiquer exactement quand les Soldats font difperfés chez les Bourgeois, où ils ont la liberté de fortir à toute heure de nuit.

Un autre inconvénient, c'eft que le Gouverneur ou Commandant de Place ne peut en tems de guerre faire fortir des troupes, fans que toute la Ville en foit imbue ; s'il arrive quelques alarmes, on n'af-femble la Garnifon qu'avec beaucoup de peine & de tems, au lieu que dans les cafernes on fait faire ce qu'on veut en très-peu de tems.

Les cafernes fe pratiquent ordinairement, (*ainfi que M. de Vauban l'a fait en plufieurs endroits*) le long du rempart vers les courtines ; elles font compofées d'un grand corps de bâtiment pour loger les Soldats ; à leurs extrêmités, font des pavillons faillans qui fervent à loger les Officiers.

Ces bâtimens ont prefque toujours deux & même trois étages, fans y comprendre le rez de chauffée ; les uns font deftinés pour la Cavalerie, & les autres pour l'Infanterie.

On verra l'un & l'autre plan, (*Pl. 8.*) diftribués rélativement à l'une & l'autre Troupes, avec les élévations & coupes au-deffus.

A eft le plan du rez-de-chauffée d'un corps de caferne, deftiné pour la Cavalerie,

B

B eft le plan du premier étage du même corps de caferne.

C eft le plan du rez-de-chauffée d'un corps de caferne deftiné pour l'Infanterie.

D eft le plan du premier étage du même corps de caferne.

E eft le plan des combles defdits corps de caferne.

F eft l'élévation géométrale du corps de caferne deftiné pour la Cavalerie.

G eft l'élévation géométrale de celui deftiné pour l'Infanterie.

H eft la coupe des pavillons prife fur la ligne a , b.

I eft la coupe des corps de caferne prife fur la ligne c, d.

L'échelle de tous les plans & élévations eft au bas de la planche.

Dans chaque corps de caferne double, les chambres doivent avoir au moins 22 pieds de long dans œuvre fur 18 de profondeur, pour pouvoir y placer 4 lits ; celles du rez-de-chauffée doivent avoir 12 pieds fous-plancher; celles du premier étage 10 , & celles en galletas 8 , leur portes doivent avoir 3 pieds de large, & 6 de hauteur; les murs de faces, 2 pieds d'épaiffeur au moins, les cheminées 5 pieds de large fur 4 de hauteur, & leurs tuyaux 3 pieds au moins fur 10 pouces; quant à leurs hauteurs, il faut qu'elles furmontent le faîte du comble de 3 ou 4 pieds pour éviter la fumée.

Les cages des efcaliers doivent avoir 7 à 8 pieds de largeur, partagés en deux par un mur d'échiffre qui foutienne les rampes ; les degrés ont un pied de giron fur 5 à 6 pouces de hauteur.

Dans chacune des chambres où il y a 4 lits, on peut y loger 12 Soldats; fçavoir 8 dans la chambre & 4 de garde; ainfi dans un corps de caferne compofé de 12 chambres, on peut y loger 144 hommes à chaque étage.

Les écuries doivent occuper le rez-de-chauffée aux cafernes deftinées pour la Cavalerie.

F

Les logemens des Officiers dans les pavillons doivent être féparés par deux efcaliers e, e, (*Fig.* A, *Pl.* 8.) & par un corridor g de 6 pieds de large qui traverfe le pavillon de l'autre fens, enforte que chaque étage des pavillons fe trouve divifé en 4 appartemens, compofés d'une chambre f de 18 pieds de longueur fur 16 de largeur, pour deux Officiers, & d'une cuifine h, ou garderobe pour les valets, ayant 16 pieds de long fur 14 de large; on doit obferver de placer des commodités au bout de chaque corridor contre les murs des caferies.

Chaque appartement peut être occupé par un Officier en tems de paix, & par deux ou plus en tems de guerre, lorfque la Garnifon eft plus forte.

Les croifées peuvent avoir 3 pieds 6 pouces d'ouverture de baies extérieurement, & les portes 4 pieds.

La place d'un cheval dans les écuries doit avoir 3 pieds 6 pouces de largeur, fur 8 pieds de longueur, compris la mangeoire.

On verra par le plan E des combles de quelle manière on doit les exprimer fur les plans de Fortifications.

CHAPITRE TROISIÈME.
COURS DE PERSPECTIVE.

LA Perspective est l'art de dessiner les objets, tels qu'ils se présentent à nos yeux, lesquels sont dits vus en perspective, lorsqu'ils sont représentés conformément à l'impression qu'ils font sur les yeux.

Cette science est une des plus belles productions de la Géométrie; elle nous conduit par l'évidence à imiter & placer dans leurs justes proportions tous les objets que l'Auteur de la nature expose à nos yeux dans un bel horizon.

C'est la Perspective réduite en art, pour composer le tableau fidele des plus brillantes beautés, qui dans son exécution artistement dirigée, semble présenter aux yeux quelque chose d'aussi piquant que la nature, parce qu'une ingénieuse imitation éveille l'esprit qui se plaît à en découvrir tous les rapports.

La Perspective est encore une partie de l'Optique qui donne des régles sûres pour présenter les objets dans l'aspect naturel où ils doivent se trouver, à raison de leur distance & de la position de l'œil, & conséquemment du spectateur; l'on s'en sert avec succès dans le paysage; il seroit même impossible, sans le secours de la Perspective, de concevoir comment les Maîtres de l'art ont pu communiquer des originaux si parfaits, & de quelle manière on doit s'y prendre pour les copier, & pour copier la nature qui présente partout des originaux fideles & intéressans, parce que les régles qu'elle prescrit démontrent sensiblement l'effet de chacun des objets séparément, & celui total de plusieurs ensemble, & pourquoi ils paroissent diminuer à mesure qu'on s'en éloigne, & augmentent à mesure qu'on s'en approche.   F ij

L'œil eſt un corps rond & ſphérique , conſidéré comme un point duquel les objets ſont apperçus.

La viſion ſe fait par des rayons tirés des objets à l'œil , qui ſont comme autant de petits canaux par leſquels l'objet ſe communique à la vue.

On peut ſuppoſer autant de rayons qu'il y a de points mathéma- tiques dans les objets : l'action de ces rayons eſt de porter aux yeux les points de ces objets qui compoſent enſemble une Perſpective qui paroit ſe confondre dans l'œil , mais qui ſe développe à proportion qu'on s'en éloigne.

Si l'on ſuppoſe les rayons coupés par une glace , cette glace recevra autant de points qu'il y aura de rayons pour former un tout qui ſera plus ou moins grand , ſelon que la glace ſera plus ou moins près du ſpectateur , ce qui ſera démontré par la Fig. 1. Pl. 9.

DEFINITION

DES PRINCIPAUX TERMES EMPLOYÉS DANS LA PERSPECTIVE.

Le Tableau F, (*Fig. 1. Pl. 9.*) est une surface plane qu'on suppose transparente, au travers de laquelle on apperçoit tous les objets.

La ligne A B se nomme base du tableau, ou ligne de terre qu'on suppose toujours être de niveau.

Le point D se nomme point de distance, parce qu'il désigne la place occupée par le spectateur, pour appercevoir les objets.

Le point V se nomme point de vue, qui est dans l'horizon, pour marquer l'œil du spectateur ou l'endroit d'où la Perspective doit être sentie.

Dans ce cours de Perspective, on se servira toujours des mêmes lettres pour désigner les bases des tableaux, les points de distances, & les points de vues.

OBSERVATIONS.

Il y a trois choses à considérer, lorsqu'on se propose de mettre en Perspective quelques objets.

La première, c'est la position de la glace.

La seconde, celle du point de distance.

La troisième, celle du point de vue.

La glace doit toujours être entre l'objet & le spectateur, plus ou moins près de l'objet, selon que l'on jugera à propos de rendre l'objet plus ou moins grand, ce qui sera démontré dans la Figure première.

Le point de distance doit être éloigné de la glace d'une fois ou une fois & demie la longueur de l'objet.

Le point de vue doit être placé perpendiculairement au-dessus du point de distance. La hauteur de ce point est susceptible de varier selon l'intention du dessinateur, car il est clair que s'il veut appercevoir les objets à vue d'oiseau, il sera contraint d'élever le point de vue au-dessus de son point naturel, c'est-à-dire de son œil; mais lorsque rien ne détermine la hauteur du point de vue, il sera mieux placé au tiers de la hauteur de l'objet, qu'ailleurs.

PROPOSITION I. [Pl. 9. Fig. 1.]

L'OBJET de cette proposition est de représenter dans les glaces F G H I K la surface a b c d, d'un cube mis en perspective, & réduit dans les glaces, rélativement à leur éloignement.

Ces différentes positions des glaces démontrent sensiblement ce qui a été dit ci-devant, que plus la glace seroit près de l'objet, & plus l'objet paroîtroit grand, & que plus elle seroit éloignée, plus l'objet paroîtroit diminué, de manière qu'on peut considérer chacune de ces glaces comme une échelle de réduction perspective, fixée selon l'exigence des cas : il faut observer que ces glaces n'ont été placées les unes devant les autres que pour rendre la démonstration sensible, & sous un seul point de vue; car on sent bien qu'il ne seroit pas possible d'appercevoir les objets à travers toutes ces glaces placées de cette manière.

PROPOSITION II.

SOIT proposé de représenter, selon les régles de la Perspective, le plan géométral C L N P, vu de face.

On placera à volonté, au-dessous du plan géométral, la ligne AB,

considérée comme base de la glace; on portera ensuite la longueur
C L, une fois & demie de M, (milieu du plan géométral prolongé
vers D & vers V,) en D point de distance, de ce point D aux
points C L N P, on tracera les rayons CD, LD, ND, PD, qui
couperont la ligne de glace aux points 1, 2, 3, 4, lesquels détermineront la réduction des deux paralleles C L, P N, c'est-à-dire
que la distance 1, 4, représente la longueur de la ligne P N, réduite,
& la distance 2, 3, celle de la ligne C L également réduite, de
manière qu'on connoîtra par cette première opération la réduction
des deux côtés opposés du plan géométral, qui sont les deux largeurs
du quarré réduites; il s'agit actuellement des deux côtés L N, C P,
qu'il faut réduire de même pour avoir la profondeur perspective;
pour la trouver, on tracera à volonté, au-dessus du plan géométral,
la ligne H I, qui sera coupée au point x par la verticale D, V; ce
point x sera considéré comme pieds du spectateur; au-dessus de ce
point, on placera à volonté le point de vue V; ensuite on transportera la distance D, M, de x en y, sur le point y on élévera la perpendiculaire y, F, qui représentera le profil de la glace; on transportera également la distance D Z de x en Q, celle D R de x en O:
la ligne Q O représente la coupe du plan géométral prise sur la ligne
R Z, qui est égale à C P, & à L N, & doit donner la profondeur
perspective du plan géométral C L, N P; pour s'en convaincre, du
point V aux points Q O, on tracera les rayons V Q, V O, qui couperont la glace y F, aux points 5 & 6, lesquels déterminent la
longueur perspective des côtés C P, L N du plan géométral.

Cette préparation étant faite, on élévera, sur la ligne de glace
A B, des perpendiculaires aux points 1, 2, 3, 4, qu'on prolongera
au-dessus de la ligne H I; ensuite des points 5 & 6, on menera des
paralleles à la ligne H I, qui rencontreront les perpendiculaires 1,
2, 3, 4, aux points c, l, n, p.

Si l'opération a été faite jufques-là avec précifion, on en verra la preuve par celle fuivante.

Du point c au point V, on menera le rayon c V, qui doit paffer par le point p, du point l au point V, celui l V qui doit paffer par le point n ; fi ces deux rayons ne paffoient pas directement par les deux points p n, il y auroit erreur de main dans les premières opérations ; cela eft inconteftable, ainfi l'on peut dire que les deux derniers rayons fervent de preuve à l'opération entière.

L'efpace renfermé par les lignes c l, l n, n p, p c, eft la repréfentation perfpective du plan géométral C, L, N, P.

PROPOSITION III. [Fig. 3.]

SOIT propofé de repréfenter en perfpective un cube vu de face. Il faut tracer le plan géométral C, L, N, P, & la ligne de glace A B; enfuite placer le point de diftance D, & mener les rayons C D, L D, N D, P D, qui donneront à leurs fections, fur la ligne de glace, les points 1, 2, 3, 4, defquels on élèvera des perpendiculaires jufqu'au-deffus de la ligne H I; du point x, fection de la ligne V D, fur la ligne H I, on tranfportera la diftance D M, de x en y, on élèvera à ce point la perpendiculaire ou ligne de glace y F, on portera la diftance D Z de x en Q, & la diftance D R de x en O; des points Q O, on élèvera les perpendiculaires Q S, & O T, fur lefquelles on portera la hauteur géométrale du cube, enfuite des points Q O, on menera au point V les rayons Q V & O V, & des points T S, les rayons T V & S V, qui couperont la glace y F aux points 5, 6, 7, 8, & donneront la hauteur apparente & perfpective des lignes Q S & O T.

Pour déterminer l'élévation perfpective du cube, il faut établir les plans inférieur & fupérieur c, l, n, p, en menant parallelement

à

à la ligne H I, les lignes 5 1, 6 n, 7 1, 8 n, qui couperont les
perpendiculaires 1, 2, 3, 4, aux points c c, 1 l, n n, p p, & donneront en perspective les apparences supérieure & inférieure du plan
géométral C L N P, après avoir tracé à ces points de sections des
rayons au point de vue, les lignes c 1, 1 l, 1 c, & c c, seront les
côtés du quarré Q S T O réduits en perspective, & le plan supérieur
c l n p, la face supérieure du cube géométral mis en perspective &
apperçu de cette manière par le spectateur.

PROPOSITION IV. [Fig. 4.]

SOIT proposé de représenter en Perspective le plan géométral
C L N P, vu de côté.

Il faut tracer le plan géométral C L N P, & la ligne de glace AB,
sur laquelle on placera à volonté le point M qu'on éloignera plus ou
moins du plan géométral, selon qu'on jugera à propos voir plus ou
moins le côté L N, (*en observant cependant que le point de
distance* D, *qui correspond au point* M, *soit placé de manière
qu'il ne se trouve pas directement au point* d, *indiqué par le prolon-
gement de la diagonale* P L *du quarré* C L N P, *parce que dans ce cas
ce quarré seroit vu d'angle, ce qu'il faut éviter, parce que l'opération
qui est rélative au quarré vu d'angle, n'est pas la même que pour celui
vu de côté, ce qui sera démontré ci-après:*) de chacun des angles du
plan géométral, on menera des rayons au point de distance qui donneront, sur la ligne de glace A B, les points 1, 2, 3, 4, sur lesquels
on élévera des perpendiculaires jusqu'au-dessus de la ligne H I sup-
posée; ensuite on prolongera les côtés C L, P N, jusqu'à la rencontre de la ligne V D; aux points a b, on placera la ligne H I,
au-dessus du plan géométrale qui coupera la ligne V D au point x,
on portera la distance D M de x en y, la distance D a de x en Q,

G

celle d b de x en O, après avoir élevé la perpendiculaire ou ligne de glace y F, on menera des points Q O au point de vue les rayons Q V & O V, qui couperont la glace aux points 5, 6, desquels on menera des paralleles à la ligne H I, qui rencontreront les perpendiculaires 1, 2, 3, 4, aux points c l n p, ensuite on tracera les rayons l V, & c V, qui doivent passer par les points p n, & on aura le plan, perspective désirée.

PROPOSITION V. [Fig. 5.]

SOIT proposé de représenter en Perspective un cube vu de côté.

On opérera comme ci-devant pour avoir le plan perspective c l n p, ensuite aux points Q O, on élévera les perpendiculaires Q S, & O T, sur lesquelles on portera la hauteur géométrale du cube; des points T S, on menera au point V les rayons T V & S V, qui donneront, sur la ligne de glace y F, les points 7 & 8, desquels on menera des paralleles à la ligne H I, qui rencontreront les perpendiculaires 1, 2, 3, 4, aux points c, l, n, p, du plan supérieur, du point c au point V, on tracera le rayon c V, qui doit passer par le point p, du point l, le rayon l V, qui doit passer par le point n, on aura l'élévation, perspective du cube désirée.

PROPOSITION VI. [Fig. 6.]

SOIT proposé de représenter en Perspective le plan géométral C L N P, vu d'angle.

Ayant tracé le plan géométral C L N P, on menera la diagonale C N, qu'on prolongera au-dessus du plan vers V, & au-dessous vers D; on placera la ligne de glace A B, & le point de distance D; ensuite de chacun des angles du plan géométral, on menera des rayons au point D, qui couperont la glace A B aux points 1, 2, sur

lefquels on élévera des perpendiculaires; on tracera la ligne H I;
on portera la diftance D M de x en y, la diftance D C de x en Q;
celle D T de x en S, & celle D N de x en O; après avoir placé le
point de vue, on menera des rayons des points Q S O, au point de
vue, qui couperont la glace aux points 5, 6, 7, au point V; on
tracera la ligne F X parallele à la ligne H I, fur laquelle on portera
de chaque côté du point de vue la diftance D M, qui fe trouvera
d'un côté au point F : les points F X font nommés points accidentels;
des points Q S O, on menera des rayons au point V, qui couperont la glace aux points 5, 6, 7, defquels on menera des paralleles à la ligne H I, qui couperont les perpendiculaires 1, M, 2,
aux points c l n p, du point c au point X, on menera le rayon c X,
qui paffera par le point 1, du point p au point X, le rayon p X, qui
paffera par le point n, du point c au point F, le rayon c F, qui
paffera par le point p; du point l au point F, le rayon l F, qui
paffera par le point n; l'efpace renfermé par ces lignes fera le plan
perfpective c l n p, vu d'angle.

PROPOSITION VII. [Fig. 7.]

SOIT propofé de repréfenter en Perfpective un cube vu d'angle.

Après avoir mis en perfpective le plan géométral C L N P, comme
ci-devant, on portera la hauteur géométrale du cube fur les perpendiculaires Q a, S b, O d, enfuite des points a, b, d, on menera des
rayons au point V, qui couperont la glace aux points 8, 9, 10;
de chacun de ces points, on menera des parallelles à la ligne H I, qui
rencontreront les perpendiculaires 1, M, 2, aux points c, l, n, p,
du plan fupérieur; du point c au point F on menera le rayon c F,
qui paffera par le point 1, du point p au point F, celui p F, qui
paffera par le point n; du point c au point X, le rayon c X, qui

paſſera par le point p, du point 1 au point X, celui 1 X, qui paſſera par le point n : on aura le plan ſupérieur du cube, & le cube propoſé mis en perſpective.

PROPOSITION VIII. [Fig. 8.]

SOIT propoſé de repréſenter un cube en Perſpective, inſcrit dans un quarré vu de face.

Il faut inſcrire le cercle géométral dans un quarré parfait CLNP, tracer les diagonales CN, PL, qui couperont le cercle aux points a, b, d, e, par ces points on menera les côtés d'un ſecond quarré inſcrit dans le cercle qui déterminera quatre points ſur ſa circonfé-rence ; on tracera les deux diamétrales u, r, prolongées vers V & D, & m q, qui en détermineront quatre autres, ce qui ſera 8 points qui doivent ſervir dans le plan perſpective, à tracer le cercle perſpective à la main.

Pour y parvenir, on placera la ligne de glace A B, au-deſſous du quarré CLNP, & le point de diſtance D, ainſi que le point de vue V, au-deſſus de la ligne HI, enſuite de chaque angle du grand & du petit quarré, on menera des rayons au point D, qui couperont la glace aux points 1, 2, 3, 4, 5, 6 ; (*il y auroit deux points de plus ſur la glace, ſi les angles a & b du petit quarré ne s'étoient pas trouvés directement au paſſage des rayons N D & P D du grand quarré.*) des points 1, 2, 3, 4, 5, 6, on élévera des perpendiculaires juſ-qu'au-deſſus de la ligne HI, enſuite on portera la diſtance DM, de x en y, celle D u de x en Q, celle D y, de x en ſ, celle D T de x en S, celle D Z de x en g, celle D r de x en O ; on élévera au point y la ligne de glace y F, & des points Q ſ, S g, O, au point de vue, on tracera les rayons Q V, ſ V, S V, g V, o V, qui couperont la glace aux points 5, 6, 7, 8, 9 ; de ces points, on tracera des parralleles à la ligne H I, qui couperont les perpendiculaires 1, 2, 3, M, 4, 5, 6, aux points c, l, n, p, a, b, d, e & t, ensuite du point de vue aux points c l du grand quarré, & a b du second quarré, on tracera les rayons qui détermineront les deux quarrés réduits en perspective & les diamétrales du cercle; cette opération étant faite, on tracera le cercle à la main, en observant qu'il passe par les 8 points r, d, q, b, u, a, m, c, on aura le cercle, perspective désirée.

PROPOSITION IX. [Fig. 9. Pl. 10.]

SOIT proposé de représenter en perspective un cylindre inscrit dans un cube vu de face.

Il faut inscrire le cercle dans un quarré parfait, comme ci-devant, tracer sa circonférence perspective pour avoir la base perspective du cylindre, ensuite pour avoir l'élévation perspective du cylindre, on élévera des perpendiculaires aux points Q, f, S, g, o, sur lesquels on portera la hauteur du cylindre vu géométralement; sur cette hauteur on tracera au point de vue les rayons correspondans à ceux qui partent des points Q, f, S, g, o, de leurs sections sur la ligne de glace, on tracera des paralleles à la ligne H I, qui détermineront par leurs sections sur les perpendiculaires élevées sur la ligne A B du plan géométral, les quarrés inscrits & circonscrits au cercle, dans lesquels on tracera un cercle qui sera le plan supérieur du cylindre, & on aura le cylindre, perspective désirée.

PROPOSITION X. [Fig. 10.]

SOIT proposé de représenter en perspective un cercle inscrit dans un quarré vu de côté.

Pour mettre en perspective les quarrés inscrits & circonscrits au cercle, il faut faire la même opération pour les deux quarrés que ci-

devant pour le quarré feul vu de côté, (*Fig.* 4. *Pl.* 9.) il n'y a de
plus que les lignes d, e, du petit quarré, prolongées jufqu'à la ligne
D V ; ainfi l'on peut dire que cette opération demande un peu plus
d'attention, vû l'augmentation de rayons qu'il ne faut pas confondre ;
mais qu'elle ne diffère en rien au quarré feul vu de côté & mis en
perfpective ; ayant donc tracé les deux quarrés perfpectives, par la
même méthode on tracera le cercle perfpective qui doit, comme ci-
devant, pafler par 8 points, & on aura le cercle, perfpective
défirée.

Proposition XI. [Fig. 11.]

SOIT propofé de repréfenter en perfpective un cylindre infcrit
dans un cube vu de côté.

Après avoir fixé la hauteur géométrale du cylindre, on élévera
un fecond plan perfpective fur le premier, comme on l'a fait ci-
devant au cylindre infcrit dans un quarré vu de face, & on aura le
cyli dre en perfpective & vu de côté.

Proposition XII. [Fig. 12.]

SOIT propofé de repréfenter en perfpective l'élévation d'une
falle décorée de deux portes & fix croifées, pour faire fentir l'effet
que produifent les épaiffeurs des murs apperçues plus ou moins à
travers les baies, felon que le fpectateur eft plus ou moins de côté.

Il n'y a pas plus de difficulté à mettre en perfpective une maifon
qu'un cube ; la feule différence confifte dans la diftribution des portes & des croifées qu'on perce dans les murs de face, & la corniche
qu'on ajoute pour décorer la façade, ainfi que le comble qui couvre
le bâtiment, de manière qu'ayant placé le point de diftance, & le
point de vue, ainfi que la ligne de glace & la ligne H I, comme ci-

devant, au quarré vu de face, ou de côté, ou d'angle ; il ne s'agira que de tracer des rayons à tous les angles apperçus, tant ceux du bâtiment, que ceux qu'on apperçoit à travers les baies des portes & des croisées ; ce qui donne sur la ligne de glace A B, toutes les largeurs & les épaisseurs réduites des murs apparens.

On fera ensuite une élévation géométrale C, dont on fixera la hauteur à volonté, ainsi que celle des portes & des croisées, relativement aux proportions indiquées ci-devant & à la planche 5, en supposant que la façade du bâtiment, qu'on veut mettre en perspective, soit assez intéressante pour observer tous ces détails qui exigent plus de soins ; cette élévation étant déterminée, ainsi que la ligne de glace y F, du point de vue on tracera tous les rayons qui doivent réduire les hauteurs géométrales sur la ligne de glace, qu'on prolongera vers l'élévation perspective E, ainsi qu'on peut le voir, Figures C & E.

A l'égard de la hauteur des portes & des croisées, il faut la prolonger jusqu'à la perpendiculaire d, e, Fig. C. aux points a, b, desquels on tracera des rayons au point de vue qui détermineront leur hauteur perspective, & réduite ; s'il y a des marches à l'entrée du bâtiment, il faudra placer leur hauteur sur la ligne d, e, & borner leurs saillies pour avoir leurs réductions sur la ligne de glace y F, après les avoir réduites sur la ligne de glace A B du plan géométral. Il seroit inutile d'entrer dans un plus long détail sur cette opération ; car les rayons ponctués qui partent de tous les angles, indiqueront le reste.

CHAPITRE QUATRIÈME.

COURS DE PAYSAGE.

DE la manière de compofer le PAYSAGE, placer les points de vue & de diftance, d'obferver les effets d'ombre, de clairs obfcurs & de teintes, pour faire paroître tous les objets ce qu'ils doivent être, relativement à la place qu'ils occupent fur le terrein.

AVANT de compofer le Payfage, il eft bon d'être prévenu des différentes études qu'on doit faire pour rendre avec art les acceffoires qui font indifpenfables à ce genre de deffein qui exige des terraffes de toutes fortes de formes, des arbres de différentes efpeces, & généralement tout ce qui repréfente la nature & fes variétés.

L'étude la plus pénible dans le Payfage eft celle des arbres. Pour les bien imiter, il faut fuivre le plus qu'il fera poffible le jet des branches qui paroiffent au travers des grouppes de feuilles, pour faire fentir la manière dont elles fortent les unes des autres ; car quoiqu'on puiffe fe donner des licences dans cette diftribution de branches, il faut néanmoins qu'il y ait de la vraifemblance, & obferver que plus on apperçoit dans un arbre le tronc & la naiffance des branches, & plus le Payfage eft agréable & leger ; il faut auffi faire jouer les feuilles fur les branches, de manière qu'elles paroiffent fuivre leur pente ou chûte, & faire attention que les branches diminuent à mefure qu'elles s'éloignent du tronc.

Il feroit avantageux de copier quelquefois les arbres d'après nature, fans s'y affujettir fervilement, parce qu'il y a trop de détails qu'il feroit impoffible de rendre exactement ; il fuffira d'en prendre l'efprit ;

l'esprit ; par cette étude on acquiert l'idée de l'espece , & l'art d'exprimer leurs formes qui sont variées à l'infini , parce que chaque espece d'arbre a une manière différente de jetter ses branches , & ses grouppes de feuilles ont une forme qui lui est particulière.

Pour bien exprimer ces différentes formes, il faut dessiner les arbres de loin , c'est-à-dire d'une distance suffisante pour qu'on ne puisse plus distinguer les feuilles ; il n'y a que les dernières branches qu'on détaillera davantage parce qu'elles se détachent avec légéreté sur le ciel , on observera aussi que plus on découvre le ciel à travers les arbres & les objets , & plus le Paysage est léger.

Lorsqu'on dessine le Paysage d'après nature , ou qu'on le compose, il faut faire attention aux formes qui caractérisent les différentes especes d'arbres, de maisons, de rochers, de montagnes, de terrasses, &c. & aux effets d'ombres & de lumières que ces objets reçoivent ; dans le premier cas, les ombres s'affoiblissent à mesure que les objets s'éloignent , & dans le second, il n'y a que les plus près du spectateur qui sont blancs, tous les autres augmentent en teintes, à mesure qu'ils s'éloignent, ce qu'il faut démontrer.

DES effets d'ombres , de clairs obscurs & de teintes que les objets reçoivent rélativement aux emplacemens qu'ils occupent sur le terrein.

Tous les objets en général sont éclairés, lorsqu'ils se présentent directement au soleil ; ils sont obscurcis, lorsqu'ils y sont opposés, ou que quelques corps saillans qui les dominent, les privent de clarté.

Pour placer les ombres sur les objets, & les détacher les uns des autres, il faut une combinaison progressive qui peut se faire avec une seule teinte qu'on posera plusieurs fois sur les corps saillans : (le

II

plan A B, Figure 13, Planche 10) est composé de corps droits &
circulaires, pour rendre cette combinaison plus sensible & prévenir
sur les effets dans tous les cas.

DES Ombres vues géométralement.

POUR connoître ce qui doit être privé de lumière, il est à propos
de fonder la regle générale sur un principe invariable, par lequel
on puisse tracer les ombres sur les plans & sur les élévations tant
géométrales qu'en perspective.

DE la manière dont on doit tracer les Ombres sur les plans, les élévations géométrales & perspectives.

POUR éviter la contrariété qui arriveroit, s'il falloit, lorsqu'on
veut ombrer quelques objets, se conformer aux mouvemens du soleil,
on suppose le soleil à gauche & fixé à 45 degrés d'élévation entre la
ligne horizontale & la méridienne, de manière que si l'on a une
équerre Q, (*Fig. 15.*) dont l'arrête R S soit coupée à 45 degrés,
cette équerre servira à tracer toutes les ombres, selon l'exigence des
cas; on observera que l'arrête R S est la diagonale d'un quarré parfait, ce qui prouve que les ombres en général ont autant de hauteur
que les corps qui les occasionnent ont de saillie; ainsi si l'on n'avoit
pas l'équerre pour tracer les ombres, connoissant ce principe, il
seroit facile de les tracer sans équerre. On verra ci-après sur les
Figures 13 & 18, la manière de placer l'équerre pour tracer les ombres, tant sur les plans que sur les élévations.

Des Ombres & Clairs obscurs, vus géométralement.

Soit le côté A Fig. 14. privé entièrement de lumière.

Pour faire sentir les saillies des avant-corps, il faut faire une teinte d'encre de la Chine, qu'on posera une fois à plat; (*lorsqu'on dit poser une teinte à plat, c'est qu'il faut la poser uniment par-tout, sans aucun adoucissement,*) sur toute la partie ombrée, & conséquemment sur tous les corps saillans f, e, d, c, b, a, de l'élévation géométrale : lorsque cette première teinte sera seche, il faut en remettre une seconde sur le corps rond f, simplement dans la direction de g h, & d'environ le tiers de la largeur de la tourelle qu'il faut adoucir de part & d'autre pour la faire arrondir, ce qui la détachera en clair obscur du corps saillante, qui est plus obscurci. Ensuite on posera cette même teinte sur tous les autres corps saillans qui auront par ce moyen chacun deux teintes; mais il est bon d'observer que si l'avant-corps e, n'avoit que deux teintes, il seroit sur le même plan que la partie ombrée de la tourelle, ce qui ne seroit pas exact, puisque ce corps est bien plus avancé; ainsi il faut remettre une troisième teinte par-tout, en y comprenant cet avant-corps e; ensuite on en mettra une quatrième par-tout, excepté les corps f, e; une cinquième par-tout, excepté les corps f, e, d; une sixième sur l'arrête i k de la tour creuse, & d'environ un tiers de largeur qu'on adoucira vers d, pour la creuser, on posera cette sixième teinte sur les autres corps, excepté les corps f, e, d, c; ensuite on posera une septième & dernière teinte sur le corps a; toutes ces teintes posées de cette manière doivent nécessairement détacher tous les corps saillans les uns des autres; ce n'est pas absolument la gradation exacte, parce que pour qu'elle le soit, il faudroit que tous les corps saillans ne le soient pas plus les uns que les autres; mais comme il

H ij

faudroit un trop long détail pour apprécier la force & la gradation des ombres rélativement aux différentes faillies des avant-corps, ou aux différens emplacemens occupés par les objets fur le terrein. On pourra d'après les principes qu'on vient d'établir juger à peu près de leurs effets, & les faire fentir par approximation; car cette étude, régulièrement fuivie, feroit un affujettiffement fans bornes, qui, à force de combinaifons, deviendroit l'étude la plus pénible du Pay-fage, dont les effets peuvent être variés à l'infini.

DES TEINTES.

SOIT le côté B, Fig. 14. vu géométralement & entièrement éclairé.

Si cette partie éclairée reftoit blanche dans toute fon étendue, elle paroîtroit aux yeux ne former qu'un plan établi fur une feule ligne droite; ainfi pour détacher les arrière-corps des avant-corps, il faut les éteindre à mefure qu'ils s'éloignent, & progreffivement comme on a fait ci-devant du côté des ombres, en obfervant que cette progreffion de teintes produife un effet contraire; pour cet effet, il faut faire une teinte très-pâle qu'on pofera fur les corps m, l, k, i, h, g, celui c, étant le premier, doit refter blanc. On pofera enfuite une feconde fois cette même teinte fur tous les corps, excepté celui g; une troifième fois fur ces corps, excepté ceux g, h, en obfervant que fur la tour creufe, on ne la pofera pas dans toute fa largeur; on la pofera fimplement fur un tiers de fa largeur vers 4, qu'on adoucira vers 2; pour la faire creufer, on pofera cette teinte une quatrième fois fur les corps, excepté ceux g, h, i; une cin-quième fois, excepté ceux g, h, i, k; une fixième fois, excepté ceux g, h, i, k, l, une feptième & dernière teinte fur le dernier corps m, lequel eft fufceptible d'une petite ombre de même force que fon oppofé f, lequel fera pofé fur la direction n, o, & adoucie de part &'d'autre, de manière qu'il y ait un petit clair obfcur entre cette ombre & le corps faillant l.

MANIERE d'ombrer & de détacher les mêmes objets mis en perfpective, & faire fentir les corps fuyans qui ne font pas apperçus fur l'élévation géométrale.

Soit le côté A du plan géométral, Fig. 13, mis en élévation perfpective, Fig. 16, & totalement privée de lumière.

Pour l'ombrer, il faut faire une teinte qu'on pofera à plat fur les corps f, 2, e, 3, d, 4, c, b, 5, a, 6 : cette teinte générale étant pofée, on en pofera une feconde dans le milieu de la tourelle f, qu'on adoucira de part & d'autre pour la faire arrondir, & la même teinte fur les arrêtes 7, 8, du corps 2, 9, 10, du corps 3, 11, 12, du corps 4, 13, 14, du corps c, 15, 16, du corps 5, & 17, 18, du corps 6, environ du tiers de leur largeur, qu'on adoucira, le premier corps 2, vers f, le fecond 3, vers e, le troifième 4, vers d, le quatrième 5, vers b, le cinquième 6, vers a; enfuite on pofera cette même teinte à plat fur tous les corps, excepté la tourelle f, on continuera de fuite à pofer la même teinte adoucie fur les corps fuyans 3, 4, 5, 6, & à plat fur tous les corps, excepté ceux f, 2, e, & ainfi de fuite jufques & compris le dernier corps 6, qui doit être le plus fort: par ce moyen on aura l'effet général du tout enfemble, & les effets particuliers de tous les corps droits, fuyans & circulaires, en obfervant de commencer par une teinte légere, pour éviter que le dernier corps 6, qui eft le plus près du fpectateur, devienne trop noir.

Voilà la conduite qu'on pourroit tenir ftrictement, rélativement aux effets des ombres ; mais l'expérience donnera la facilité de juger des effets au premier coup d'œil, sans être obligé de les chercher avec cette précision qui deviendroit vétilleuse; ce n'est pas que cette manière d'ombrer ne puisse être suivie, lorsque tous les corps se lient ensemble ; mais lorsqu'ils seroient isolés, ils exigeroient des recherches à l'infini ; ainsi il suffira d'apprécier les effets d'ombres & de teintes, à peu près ce qu'ils doivent être par rapport à la position des objets.

MANIÈRE de détacher par des teintes les mêmes objets mis en perspective, & entièrement éclairés, pour faire sentir les corps fuyant, les corps droits & les circulaires. [Fig. 17.]

SOIT le côté B, Figure 13, entièrement éclairé & représenté en élévation perspective, [*Fig.* 17.]

Pour détacher les différens corps les uns des autres dans le clair, il faut faire une teinte très-pâle, & la poser à plat sur les corps 1, g, 2, h, i, 3, k, 4, l, 5, m : ensuite poser une seconde fois la même teinte sur les arrêtes 6, 7; 8, 9; 10, 11 ; 12, 13; 14, 15; 16, 17; & 18, 19; environ au tiers de chacun des corps fuyants, adoucis tous vers le premier corps C, & à plat sur tous les corps, excepté celui 1 ; il faut poser cette même teinte sur les arrêtes 8, 9; 10, 11 &c. les adoucir toujours du même côté & à plat sur tous les autres corps, excepté les corps 1, g, 2; ainsi de suite & de la même manière jusqu'au dernier corps rond m ; on se servira ensuite d'une teinte un peu plus forte pour ombrer le côté 16, 17, de la tourelle, en observant un petit clair obscur près l'arrête 16, 17, & tout sera dit ; on jugera à peu près des effets naturels, lorsque les objets seront isolés.

DES Ombres portées sur les Moulures des Corniches.

SOIT proposé d'ombrer la corniche (*Fig.* 18. *Pl.* 11.) aux endroits privés de lumière, en conservant toujours la forme de chacune des moulures dont elle est composée qui doivent se détacher les unes des autres.

Il faut faire une teinte, la poser une fois à plat sur tout ce qui est privé de lumière ; ensuite on posera cette teinte une seconde fois sur le nud du mur I, en observant un petit clair obscur sous le cavet H, qui est occasionné par le reflet du pavé, qui renvoye une partie de la grande clarté qu'il reçoit du soleil sous les corps saillans & sur les arrêtes 1, 2, 3, 4, 5, 6, adoucies, ainsi qu'on peut le voir sur cette Figure : on posera ensuite cette même teinte à plat une seconde fois sur les moulures H, G, f, d, c, b, & une troisième fois à plat sur le filet G, & sur les arrêtes 2, 3, 4, 5, 6, pour être adoucies comme ci-devant, & ensuite à plat sur les moulures f, d, c, b, ainsi de suite, excepté les moulures H, G, F, qui font tout l'effet qu'on peut desirer par rapport à leurs saillies & à leur forme.

Lorsque ces sortes de corniches servent à couronner quelques bâtimens qui font partie d'un Paysage, & qui ne font pas assez en grand pour qu'on puisse les détailler avec la même précision ; on cherche seulement à leur donner l'esprit, d'après l'étude en grand qu'on vient de faire, & après s'être familiarisé avec les effets, qu'on peut faire valoir dans tous les cas.

DE LA COMPOSITION
DU PAYSAGE.

Lorsqu'on fçait la Perfpective, rien n'eft fi facile que la compofition du Payfage, parce qu'il n'eft compofé que d'objets élévés fur des plans quarrés ou circulaires, qui peuvent être vus de face, de côté, ou d'angle, de manière qu'on peut confidérer le Payfage en général comme un compofé d'objets femblables à ceux qui font défignés dans le cours de Perfpective, raffemblés pour former une vue intéreffante.

A l'égard des acceffoires, comme arbres, terraffes, rivières, ruiffeaux, fontaines, montagnes, on peut les placer à volonté, parce que ce n'eft qu'une affaire de goût qui peut neanmoins fe trouver dans la nature, de laquelle il ne faut jamais s'écarter.

PROPOSITION PREMIERE. [Pl. 11. Fig. 19.]

Soit propofé de repréfenter en Perfpective une maifon feule, vue d'angle, avec un mur de clôture qui renferme un efpace de terrein dépendant de la maifon.

Il faut difpofer à volonté le plan CLNP, & fon oppofé, (*Fig.* 21.) qui lui eft femblable, vu d'angle; enfuite placer les points de diftance D, les lignes de glace AB, & tracer les rayons ED, PD, HD, (*qui eft le milieu de* PC, *& doit donner fur l'élévation perfpective le milieu du pignon où doit fe trouver la fouche de cheminée*) & le rayon LD, comme au quarré vu d'angle, (*Fig.* 6. *Pl.* 9.) Cette opération étant faite, il faut deffiner une élévation géométrale,

géométrale, (*Fig.* 20.) au-deſſous du plan, à laquelle on donnera la hauteur qu'on jugera à propos ; enſuite ſur la ligne de glace A B, on élévera ſur les points 1, 2, 3, 4, des perpendiculaires juſqu'au-deſſus de la ligne H I, qui donneront toutes les largeurs réduites ; à l'égard des hauteurs, on tranſportera la diſtance D M, de x en y & en z, pour avoir la ligne de glace y F, & les points accidentels F, X, qui ſont ſur la direction du point de vue V, placé à volonté, enſuite la diſtance D C, de x en o, celle D I de x en S, celle D T de x en a.

Sur la perpendiculaire O, on tranſportera la hauteur E F de l'é-lévation géométrale, (*Fig.* 20.) ſur celle S, la hauteur A B, ſommet du pignon, ſur celle a, la hauteur C D du mur de clôture, de ces points au point de vue, on tracera des rayons qui couperont la ligne de glace y F aux points 1, 2, 3, 4; de ces points on mé-nera des parallèles à la ligne H I, la première, juſqu'à la rencontre de la perpendiculaire M x; la ſeconde, juſqu'à la rencontre de la perpendiculaire élevée ſur la ligne de glace au point 1 ; la troiſième, juſqu'à la rencontre de la perpendiculaire élevée ſur la ligne de glace A B, au point M, & la quatrième, juſqu'à la rencontre de la per-pendiculaire élevée ſur la ligne de glace au point 3 : toutes ces opé-rations étant faites, il ſera facile de deſſiner l'enſemble de la maiſon perſpective par le ſecours des points accidentels X F.

Lorſqu'on deſire que les côtés ſuyans ſoient moins inclinés, il faut éloigner davantage le point de diſtance D, & conſéquemment les points accidentels F X, qui lui correſpondent au tranſport ; ce qu'on a obſervé, (*Fig.* 21.)

On croit cette inſtruction ſuffiſante pour ſervir de guide à toutes les opérations ſuivantes qui ſont tracées de manière à ne laiſſer aucun doute ſur ce qu'il convient de faire ſelon les différentes poſitions des

I

objets fur le terrein ou fur le plan projetté ; leur décoration eft défignée par des élévations géométrales ; on aura foin cependant, lorfqu'il fe rencontrera quelques cas particuliers de faire des obfervations
qui leur foient relatives.

PROPOSITION II. [Pl. 12.]

SOIT propofé de repréfenter en perfpective une maifon vue
d'angle, avec un mur de clôture & une tourelle à l'un des angles de
ce mur, (*Fig.* 22.)

Il faut difpofer à volonté le plan général, en obfervant qu'il fe
préfente d'angle au fpectateur ; enfuite placer le point de diftance D,
la ligne de glace A B, & tracer tous les rayons qui partent de chaque angle du plan.

On fera au-deffous de ce plan une élévation géométrale, (*Fig.*
23.) qu'on décorera à volonté.

On élèvera aux points où les rayons paffent fur la ligne
de glace, les perpendiculaires qui doivent déterminer les largeurs réduites de l'élévation perfpective ; à l'égard des hauteurs,
on tranfportera la diftance D M de x en y, & de x en Z, pour avoir
la ligne de glace y F, & les points accidentels F X, qui doivent être
fur la direction du point de vue V, placé à volonté, enfuite la diftance D N, de x en a ; celle D O, de x en b ; à ces points on élèvera des perpendiculaires ; fur celle X V, on portera la hauteur géométrale du mur de clôture 1, 2, qui ne peut être réduite, parce que
fur cette Figure la ligne de glace A B rafe l'angle M du mur ; fur celle
a, on portera la hauteur 3, 4, de la maifon vue géométralement,
fur celle b, la hauteur 5, 6, qui fixe celle du comble ; à ces hauteurs
on tracera des rayons au point de vue, jufqu'à la ligne de glace y F ;
de ces points fur la ligne de glace, on tracera des paralleles à la

ligne z g, qui donneront les hauteurs réduites de la maison mise en perspective.

A l'égard de la tourelle, elle sera considérée sur les Figures 22 & 24 comme le cylindre vu de côté, (*Pl.* 10. *Fig.* 11.) dont l'opération est la même.

La Figure 25 représente celle 24, mise également en perspective & séparément pour pouvoir l'ombrer librement & y ajouter des arbres, des terrasses, pour montrer que les accessoires sont arbitraires & faciles, lorsque les objets principaux sont déterminés.

PROPOSITION III. (Pl. 13.)

S O I T proposé de représenter en perspective une Eglise, & plusieurs maisons qui l'environnent, le tout vu de côté.

Il faut disposer à volonté le plan général, (*Fig.* 25.) ensuite placer le point de distance D, la ligne de glace A B, & tracer tous les rayons qui partent de chaque angle des objets séparés dans le plan général & composé.

On fera au-dessous de ce plan les élévations géométrales de ces objets.

On élévera sur la ligne de glace A B, aux points où les rayons passent, les perpendiculaires qui doivent déterminer les largeurs réduites des élévations perspective; pour les hauteurs on transportera là distance D A de x en y; on pourroit être inquiet de ce transport sur une autre ligne; mais on prévient que pour n'être jamais embarrassé, il faut apprendre à surmonter les difficultés; ainsi lorsqu'on a commencé son opération, & qu'on s'apperçoit trop tard qu'on n'a pas assez de place pour la finir, on s'y prend de la manière suivante pour la continuer.

On trace séparément une ligne H I, (*Fig.* 26.) qui doit être confidérée comme tenant à celle H I, (*Fig.* 28.) fur laquelle le transport des hauteurs géométrales doit fe faire, ce qui revient au même, parce qu'au lieu de transporter toutes les diſtances du point H, (*Fig.* 28.) qui devroit être le point x, on les tranſportera ſur la ligne HI, (*Fig.* 26.) ainſi que le point de vue qu'on place à la même hauteur que celui de la Figure 28; il ne s'agira enſuite que de prendre avec un compas ſur la ligne de glace y F, (*Fig.* 26.) les hauteurs réduites qu'on portera à meſure ſur l'élévation perſpective de chacun des objets; il eſt vrai qu'on eſt un peu plus de tems, mais on en perd moins que ſi l'on étoit obligé de recommencer le tout, lorſqu'on s'apperçoit qu'on n'a pas aſſez de place pour finir dans le même ordre où l'on a procédé juſqu'alors.

On obſervera qu'il n'y a pas plus de difficulté à mettre en perſpective pluſieurs objets vus de côté, que le cube vu de même, (*Fig.* 5. *Pl.* 9.) ſi on en excepte la multiplicité des rayons, tant aux plans qu'aux élévations qui embarraſſent un peu, lorſqu'il s'agit de les reconnoître; mais pour éviter la confuſion, on peut tracer les plans & les élévations à l'encre, & les rayons au crayon, à chaque objet particulièrement, & après avoir mis en perſpective le premier, on effacera avec de la mie de pain les rayons, & on tracera ceux du ſecond objet, ainſi de ſuite.

Les différentes opérations qui ſont tracées ſur les Figures, indiqueront ce qu'on doit obſerver lorſqu'on compoſe le Payſage.

Il faut remarquer auſſi que les toits des maiſons ſont fuyans, c'eſt-à-dire inclinés, & que leurs faîtes ne ſont pas de niveau avec les murs de face; ainſi pour avoir leur véritable pente ſur les élévations perſpectives, il faut prolonger le point G, (*Fig.* 26.) & la ligne k, vers a & vers b, prendre enſuite la diſtance D a, & D b, qu'on tranſportera de x en c & en d, ſur la perpendiculaire c; on portera les hauteurs 2, 3, (*Fig.* 27.) fur celle d, la hauteur du comble 4, 5, on aura par ce moyen fur la ligne de glace y F, les hauteurs réduites de la maifon & du comble; il en fera de même pour toutes les autres, en traçant chaque opération l'une après l'autre au crayon, & les effacer à mefure pour en tracer d'autres, & éviter qu'elles fe confondent; ce qui arriveroit fouvent fans cette précaution.

PROPOSITION IV.

SOIT propofé de repréfenter en perfpective un Château vu de côté, & décoré de deux pavillons quarrés & de deux tourelles.

On fera comme ci-devant le plan géométral, (*Fig.* 29.) l'élévation géométrale, (*Fig.* 30.) & l'élévation perfpective, (*Fig.* 31.)

On pourra dans tous les cas difpofer le plan géométral d'un Payfage à volonté, tel compliqué qu'il puiffe être, & le mettre en perfpective par les regles indiquées précédemment, foit vu de face, de côté ou d'angle, en obfervant cependant que toutes les fois qu'on voudra appercevoir les objets qui pourroient être cachés par ceux qui font fur le devant, il faudra les élever davantage: fi l'on ne prenoit cette précaution, on ne verroit qu'une partie du Payfage qu'on fe propofoit de voir entièrement, en compofant le plan général, ce qui eft fenfible.

A l'égard des ruines, rien n'eft fi facile que de fuppofer la deftruction des objets, il convient de les deffiner d'abord dans leur état naturel en crayon, & les brifer à fon gré, avant de les deffiner à l'encre.

On peut dans le Payfage couvrir de chaume certaines maifons, pour donner plus de reliefs à celles qui doivent avoir plus d'apparence, ou enfin pour éviter cette monotonie qui rendroit le Payfage froid & peu intéreffant.

Soit propofé de repréfenter en perfpective un plan de Fortification, avec fon élévation perfpective.

Après avoir tracé le plan géométral, (*Fig.* 1.) on placera au-
deffous la ligne de glace A B, & le point de diftance D; de chaque
angle du plan on ménera des rayons au point D, jufqu'à la rencontre
de la ligne de glace, fur laquelle on élévera à chacun de ces points
des perpendiculaires jufqu'au-deffus de la ligne H I, fur laquelle on
tracera le profil de la Fortification, (*Fig.* 2.) qu'on fuppofe coupé
par la ligne VD; de chaque point du profil, on ménera des rayons
au point de vue qui couperont la glace y F aux points 4, 5, 6, 7,
8, &c. De ces points on ménera des parallèles à la ligne H I, qui
étant prolongée jufqu'à la ligne V D, donneront fur cette ligne
l'élévation géométrale du profil réduit, & l'élévation perfpective,
(*Fig.* 3.) mais comme tous les corps qui compofent l'enfemble
d'une Fortification font différemment inclinés, il faudra faire le
profil de chacun en particulier, à mefure qu'on fera l'élévation perfpective, par exemple, pour faire l'élévation du baftion a, b, c,
(*Fig.* 3.) on procédera de la manière fuivante.

Des points L N P du plan géométral, (*Fig.* 1.) on ménera des
rayons au point de diftance, qui couperont la glace aux points 1,
2, 3; fur ces points on élévera des perpendiculaires; enfuite des
points L N P, on ménera les lignes L d, N e, P f; parallèles à la
ligne H I, on tranfportera la diftance M f de y en O, la diftance M e
de y en Q, celle M b, de Y en R; des points O Q R, on élévera
des perpendiculaires à la ligne H I, fur lefquelles on portera la
hauteur géométrale du baftion r, s, t; des points O, Q, R & r, s, t,
on ménera des rayons au point de vue qui couperont la glace y F aux

points 5, 6, 8; de ces points on ménera des paralleles à la ligne HI, qui couperont les perpendiculaires 1, 2, 3, aux points c, b, a, & donneront l'apparence en perfpective de la moitié du baftion a, b, c: on fera les mêmes opérations pour les demi-lunes, le terplein, le glacis; & de cette manière on parviendra à mettre en perfpective tous les objets qui ont rapport à la Fortification.

PREMIERE OBSERVATION.

Sur la diftance des objets, (Pl. 14. Figures 4 & 5.) prife avec le Graphomètre fur le terrein. (Fig. 6.)

Il faut choifir un endroit où l'on puiffe être libre de parcourir deux points A & B, (*Fig. 6.*) pris à volonté en obfervant de les difpofer de manière que la ligne de bafe tirée du point A au point B, foit le plus qu'il fera poffible parallele à la diftance CD, (*Fig. 4 & 5.*) qu'on veut mefurer, afin d'éviter les angles trop aigus ou obtus ; car on ne peut guères compter fur la juftefe d'une opération, lorfqu'on s'eft fervi d'angles au-deffous de 15 degrés ou au-deffus de 130 ; il en feroit de même fi la bafe AB n'avoit pas au moins la neuvième ou la dixième partie de la diftance qu'on veut mefurer ; on obfervera auffi que les deux extrêmités A & B de la bafe foient difpofées de manière qu'on puiffe aller directement de l'une à l'autre, & appercevoir les points C & D de la diftance qu'on veut connoître ; cette bafe étant affurée, il faut faire planter un piquet ou jalon à l'une des deux extrêmités de la bafe comme au point A, & placer à celui B, un graphomètre dont on dirigera le diamètre vers le piquet A, & la régle mobile, premièrement vers le point D, afin de connoître la valeur de l'angle D, A, B, c'eft-à-dire le nombre de degrés qui en défignent l'ouverture, qui eft ici de 122 degrés, fecondement vers le point

C, pour avoir celle de l'angle **C, A, B**, qui eſt de 48 degrés; en-ſuite on tranſportera le graphomètre au point **A**, & en y allant, on aura ſoin de meſurer la diſtance **A B**, pour connoître l'étendue de la baſe qui doit ſervir d'échelle, elle eſt ſur cette opération de 80 toiſes, étant arrivé & le graphomètre placé au point **A**, on dirigera le diamètre de l'inſtrument vers le point **B**; on tournera enſuite la régle mobile: premièrement vers le point **C**, pour connoître la valeur de l'angle **C, B, A**, qui eſt de 123 degrés; ſecondement vers le point **D**, pour avoir celle de l'angle **D, B, A**, de 50 degrés.

Toutes ces opérations étant faites ſur le terrein, on les rapporte ſur le papier, moyennant une échelle qui ſert de baſe, & qui eſt proportionnée à la grandeur du papier, & d'un nombre de toiſes ou pieds ſemblables à celui contenu dans la longueur de la baſe priſe ſur le terrein, enſuite avec un rapporteur de cuivre ou de corne; on répete les mêmes ouvertures d'angles; on tire des lignes prolongées **B A, A D, & B C, A C**, juſqu'à ce qu'elles ſe rencontrent, & à l'en-droit où elles ſe croiſent, comme en **C** & en **D**, on tire une ligne droite **C D**, qui étant meſurée, donnera la diſtance d'un objet à l'autre.

DEUXIÈME OBSERVATION.

POUR connoître la hauteur d'un objet acceſſible ſeulement par ſon pied. [Fig. 8.]

On prendra un point **B**, ſur le terrein du pied de la tour à une diſtance à peu près égale à ſa hauteur; à ce point on poſera le gra-phomètre de manière que ſa circonférence ſoit perpendiculaire au terrein, pour cela il faut mettre ſon diamètre dans une ſituation parallèle au terrein; on y parviendra en ſe ſervant d'un petit plomb
attaché

attaché à l'extrêmité d'un fil de foie, on place ce fil au point de 90 degrés de la demi-circonférence de l'inftrument, & on élève le diamêtre d'un côté ou de l'autre jufqu'à ce que le fil paffe par le centre du demi-cercle, alors le diamètre fera dans la fituation convenable pour cette opération.

L'inftrument étant ainfi difpofé, on mefurera l'angle E D C, en faifant mouvoir doucement l'allidade, jufqu'à ce qu'en bornoyant les pinules, on apperçoive l'extrêmité C de la hauteur A C, qu'on veut mefurer; l'arc a b de l'inftrument, qui eft ici de 39 degrés, fera la valeur de l'angle E D C; voilà donc un angle de connu dans le triangle D E C; mais l'angle E D C, ou fon égal B A C, eft auffi connu, puifque A C eft fuppofé perpendiculaire au terrein; ainfi mefurant la bafe B A, à laquelle D E eft égale, à caufe des deux perpendiculaires B E, & A C, on connoîtra les trois chofes qui déterminent le triangle D E C, enforte qu'en le conftruifant fur le papier avec l'échelle, on parviendra à la connoiffance de D C, & ajoutant à cette ligne la hauteur B E, de l'inftrument qui eft égale à A D, on aura la hauteur A C defirée.

Après avoir établi des principes fur la *Géométrie Pratique*, l'*Architecture Militaire*, la *Perspective*, & le *Payfage*, on a cru devoir procurer des moyens faciles pour deffiner le Payfage d'après nature, en donnant la defcription d'un chaffis à carreaux pour réduire fur le lieu même un Payfage; (*ce chaffis eft de l'invention de l'Auteur;*) il eft élevé fur un pied & placé au-deffus d'une efpece de pupitre qui fert à contenir une planche fur laquelle on aura collé une feuille de papier fur les bords, ce qui la rendra liffe & tendue, & tracé les carreaux de réduction à volonté.

On donne auffi la defcription d'une chambre obfcure, avec laquelle on peut en très-peu de temps deffiner le Payfage d'après nature.

K

Description du Chaffis à Carreaux.

CE Chaffis E, (*Fig.* 10. *Pl.* 14.) eft divifé par carreaux par le moyen d'une foie noire ou brune, un peu forte qu'on paffe par des trous percés à égales diftances autour du chaffis & à fon épaiffeur ; ces carreaux doivent former des quarrés parfaits qui peuvent avoir pour côté 4 lignes, parce qu'étant de cette grandeur, on a plus de facilité à reconnoître la proportion des objets & leur détail, que s'ils étoient plus grands : fur ce chaffis eft pofé un entonnoir de fer blanc ou de carton bien joint, ayant la forme d'une pyramide quadrangulaire D, (*Fig.* 8.) Au fommet de cet entonnoir pyramidale, on y obferve une petite ouverture par laquelle on puiffe découvrir tous les carreaux du chaffis, & les objets qu'on a deffein d'imiter & de réduire.

Au-deffous de ce chaffis eft placé une planche C, fort mince, qui doit être incliné, ainfi qu'on peut le remarquer, (*Fig.* 9.) & fur laquelle on a collé une feuille de papier, ou de l'affujettir feulement quatre coins avec de la colle à bouche ou de la cire d'Efpagne ; à chaque côté de cette planche, on paffe une ficelle arrangée de manière que l'on puiffe placer une planche légère F, (*Fig.* 8.) pour pofer fes uftenfiles, comme crayons, régles, plumes, encre de la Chine, petits pots, pinceaux, &c. afin de fe procurer fur le lieu même la facilité de rendre l'enfemble & les effets d'un Payfage.

On obfervera que ce chaffis doit être fixé par des charnières, afin de le baiffer à volonté, ainfi qu'on peut le remarquer, (*Fig.* 9.) en G ; le tout eft élevé fur un pied de graphomètre, qui fert dans l'occafion à porter le graphomètre : fi l'on vouloit faire quelques opérations dans le même moment, on peut fe fervir d'un tabouret ou d'un pliant pour s'affeoir, qui eft plus portatif.

Ce chaffis eft vu de face, (*Fig.* 10.) de profil, (*Fig.* 9.) & du côté de fon entonnoir, (*Fig.* 8.) avec une échelle de pieds au-deffous; on a deffiné féparément & plus en grand le plan du chaffis avec l'entonnoir cloué à petits clous tout autour, & fon élévation; cet entonnoir doit être peint en noir au-dedans, s'il eft de fer blanc, ou collé en papier noir, s'il eft de carton, ce qui fert à détacher les carreaux, & les objets qui deviennent plus fenfibles: toutes ces Figures & leur échelle qui eft au bas, fuffifent pour donner l'idée de la conftruction de cette machine & de fon utilité.

Lorfqu'on s'en fervira, il faudra commencer par fixer un objet quelconque du Payfage qu'on veut réduire, & le placer tout de fuite fur fa feuille de papier, parce que cet objet étant ainfi établi, on s'en fervira pour diriger fon rayon vifuel, & le replacer toujours dans une même pofition, après avoir quitté l'ouverture obfervée au fommet de l'entonnoir pour deffiner ce qu'on a remarqué du Payfage; fans cette précaution, on courroit les rifques de ne pas retrouver fa première pofition, ce qui produiroit une confufion irrégulière dans l'imitation, & conféquemment à l'enfemble du Payfage qui ne feroit plus dans fa proportion naturelle.

Obfervation fur la Chambre obfcure.

RIEN n'eft fi facile, par le moyen d'un verre convexe, que de repréfenter au naturel dans un lieu obfcur les objets qui font au dehors.

On nomme Chambre obfcure tout lieu privé de lumière, dans lequel on repréfente fur une feuille de papier ou autre furface blanche, les objets de dehors qui font expofés au grand jour.

Description de la Chambre obscure portative, très-connue des Artistes & des Amateurs.

ELLE est composée d'une caisse de bois, d'un pied & demi de large & de deux pieds quatre pouces de long & deux pieds de haut: on observe que le derrière de cette boîte soit en pente, que le devant ne soit fermé que par un rideau de bonne étoffe noire, pour que la lumière ne pénetre pas dans l'intérieur; pour attacher commodément ce rideau, il faut ajouter sur le devant de la boîte une planche coupée en demi-cercle, dont le rayon peut être d'un pied, & le diamètre attaché par des charnières à la planche qui forme le dessus; on ajuste ensuite le rideau autour de ce demi-cercle.

On fait dans le dessus de la boîte un peu sur le derrière une ouverture dans laquelle on place un tuyau de lunette, garni dans le haut d'un verre convexe des deux côtés & qui fasse partie d'une grande sphere, tels que les verres de lunettes propres aux vieillards.

On fixe à chaque côté de cette ouverture sur le dessus de la boîte deux montants pour soutenir un petit miroir qui y doit être suspendu par deux pivots, pour pouvoir lui donner tel degré d'inclinaisons qu'on veut.

Cette machine, construite de cette manière, doit être placée sur une table de façon que celui qui veut dessiner tourne le dos aux objets qu'il veut représenter: on mettra sur le fond de la boîte qui peut être couverte d'un tapis de cuir ou autre, sur lequel on met une feuille de papier blanc, directement sous le tuyau, qu'on élévera ou descendra jusqu'à ce que les objets paroissent bien nettement sur le papier.

Pour faire passer la représentation de ces objets par le verre convexe du tuyau, on donnera au miroir l'inclinaison convenable, par le moyen d'une ficelle attachée dans le haut de son quadre, qui, paffant par une petite ouverture faite au haut de la boîte, peut être tirée plus ou moins par celui qui a la tête dans la boîte; quand le miroir fera à fon gré, il attachera la ficelle à un petit clou à crochet fiché à un des côtés de la boîte.

Lorfque les objets fe repréfenteront diftinctement fur le papier, il n'y aura qu'à fuivre tous les traits avec un crayon ou une plume.

Si l'on vouloit deffiner d'après l'eftampe, il faudroit la placer vis-à-vis le devant du miroir, de façon qu'elle foit expofée au grand jour ou à la lumière.

On peut par le même moyen deffiner les portraits d'après nature mais en petit.

On peut donner au verre convexe la même ouverture qu'on donneroit à une lunette d'approche dont ce verre feroit l'objectif.

Il faut diminuer cette ouverture quand les objets font fort éclairés, & l'augmenter quand ils font expofés à un jour plus foible.

Les traits paroiffent mieux marqués avec une petite ouverture qu'avec une grande, en obfervant toutefois de ne pas trop exténuer la lumière qui n'entre que par là dans la machine. Il fuit de toutes ces remarques qu'il feroit néceffaire d'avoir plufieurs pieces de fer blanc ou de cuivre mince qui foient rondes, de la grandeur du verre & percées différemment, afin de pouvoir donner au verre l'ouverture dont on auroit befoin, ou faire différentes ouvertures dans une lame de cuivre qu'on feroit glifer fur le verre, &c.

Pour rendre cette machine portative, il faut lui donner la forme d'un livre & attacher les côtés les uns aux autres par des charnières & des crochets, afin de les pouvoir coucher les uns fur les autres & les plier.

F I N.

DICTIONNAIRE
DES TERMES
DE L'ARCHITECTURE.

A

ACANTHE, plante qui pouſſe des feuilles larges & hautes, dont la partie ſupérieure ſe recourbe naturellement : du ſein de ces feuilles naiſſent de petites tiges qui ſe plient en divers enroulemens & ſe replient en petites volutes ſous les 4 coins & les 4 milieux du tailloir du chapiteau Corinthien ; on les nomme caulicoles ou tigettes.

ARCADE, c'eſt un arc de voûte qui porte ſur deux pieds droits, & dont on ſe ſert communément pour ſoutenir l'entablement dans l'entre-deux des coïonnes. (*Voyez Fig. 3 & 4. Pl. 2.*)

ARCHITRAVE, eſt la première piece de l'entablement qui repréſente une poutre couchée de toute ſa longueur ſur les chapiteaux des colonnes.

ARCHIVOLTE, c'eſt une bande large qui fait ſaillie ſur le nud du mur qui ſuit le ceintre d'une arcade, & qui va d'une impoſte à l'autre ; les Archivoltes ſont ornés aſſez ordinairement des mêmes moulures que l'architrave, & reſſemblent par conſéquent à une architrave ceintrée. (*Voyez Pl. 2. Fig. 3 & 4. & Pl. 3. Fig. 4.*)

ASTRAGALE, eſt une petite moulure ronde en forme de baguette dont on fait grand uſage en Architecture ; c'eſt par cette moulure que toutes les colonnes ſont terminées ; elle fait la liaiſon de la colonne avec le chapiteau.

Axe de la colonne, eſt la ligne perpendiculaire qui paſſe par tous les centres des cercles qui la compoſent de haut en bas.

B

Base, eſt la partie aſſiſe ſur un ſocle qui ſert de ſoutien & d'appui à la colonne. (*Voyez Pl. 3. Fig. 2.*)

C

Cartouche, eſt un ornement en manière d'écuſſon, environné de moulures & d'enroulemens; il ſert à placer le titre d'un plan ou les échelles, &c.

Cavet, eſt une moulure creuſe en quart de cercle; elle eſt l'inverſe de l'ove ou quart de rond. (*Voyez Pl. 1. Fig. 21.*)

Congé, eſt une petite moulure creuſe qui ſert à détacher agréablement un membre d'Architecture d'avec un autre. (*Voyez Pl. 1. Fig. 19.*)

Console, eſt un ornement contourné qui ſert à ſoutenir ou appuyer quelques parties principales, par exemple, un larmier. (*Voyez Pl. 2. Fig. 2.*)

Corniche, eſt la partie la plus haute de l'entablement, au-deſſus de la friſe : cette partie ſe fait remarquer par ſa grande ſaillie, & la multiplicité de ſes moulures,

D

Denticule, eſt un membre de corniche quarré, qu'on recoupe en pluſieurs entailles qui imitent une rangée de dents; voilà d'où lui vient la dénomination de Denticules : il conſerve même cette dénomination, lorſqu'il n'eſt pas taillé en dents, comme à l'Ordre Corinthien.

DOUCINE

DOUCINE, eſt une moulure ondoyante, moitié convexe & moitié concave ; lorſque la partie concave eſt la plus haute & la plus avancée, on l'appelle gueule droite ou Doucine, (*Voyez Pl.* 1. *Fig.* 18.) lorſque la partie convexe eſt la plus haute & la plus avancée, on l'appelle gueule renverſée ou talon. (*Voyez Pl.* 1. *Fig.* 17.)

E

ENTABLEMENT, eſt la partie ſupérieure d'un Ordre d'Architecture, compoſé de l'architrave, de la friſe, & de la corniche, porté ſur les chapiteaux en manière de plancher. (*Voyez Pl.* 3. *Fig.* 1.)

ENTRECOLONNEMENT, eſt l'eſpace vuide entre les colonnes qui ne ſont point accouplées.

F

FILET, autrement Liſtel, eſt un très-petit membre quarré qui ſert à faire la ſéparation des moulures plus grande, & à les détacher l'une de l'autre.

FRISE, eſt la partie de l'entablement qui eſt entre l'architrave & la corniche ; quelquefois elle eſt unie, ſouvent elle eſt chargée d'un grand deſſein de Sculpture ; à l'Ordre Dorique, elle eſt toujours mélangée de triglyphes & métopes. (*Voyez Pl.* 2. *Fig.* 2.)

FUST de la colonne, eſt toute la longueur de la colonne, compriſe entre la baſe & le chapiteau ; on le nomme auſſi tige ou vif de la colonne. (*Voyez Pl.* 2. *Fig.* 1. & 2.)

G

GORGE ou GORGERIN, eſt la partie la plus menue des chapiteaux, entre l'aſtragale de la colonne & le premier membre ſaillant du chapiteau. (*Voyez Pl.* 3. *Fig.* 1.)

L

I

Imposte, eſt une eſpece de corniche ou de chapiteau au haut d'un pied droit, ſur quoi les arcades portent immédiatement. (*Voyez Pl. 3. Fig. 4.*)

L

Larmier, eſt dans toutes corniches un grand membre quarré qui a beaucoup de ſaillie, & qui eſt deſtiné à faire écouler les eaux de pluie loin du mur. (*Voyez Pl. 3. Fig. 1. & 2.*)

M

Metope, eſt un eſpace quarré entre les triglyphes de la friſe Dorique. (*Voyez Pl. 3. Fig. 2.*)

Modillons, ſont de petites conſoles placées ſous le plafond du larmier Corinthien, & qui ſemblent le ſoutenir.

Module, eſt une certaine meſure qu'on choiſit librement, & qui ſert à déterminer toutes les dimenſions générales & particulières d'un Ordre d'Architecture : on prend aſſez ordinairement pour cette meſure le demi-diamètre du bas de la colonne, qu'on diviſe en autant de parties égales qu'on veut, & qu'on appelle minutes.

Moulures, ſont toutes les parties ſaillantes qui ornent les diffé-rens membres d'un Ordre d'Architecture ; il y en a de quarrées & de rondes.

Mutules, ſont des membres quarrés ſur le plafond du larmier Dorique, qui ont la largeur des triglyphes, & qui les couronnent. (*Voyez Pl. 3. Fig. 2.*)

O

Ove, eſt la même choſe que le quart de rond.

P

PIEDS-DROITS, sont des manières de pilliers quarrés, terminés par une imposte sur laquelle les arcades portent. (*V. Pl. 3. Fig. 4.*)

PLAN, le Plan d'un édifice est sa coupe horisontale, où l'on voit toutes les parties qui le composent, avec les pleins, les vuides, & toutes les épaisseurs. (*Voyez Pl. 6. Fig. 1.*)

S

SCOTIE, est une moulure creuse en forme de demi-canal qui se trouve entre les deux tores de la base Attique; la Scotie n'a jamais lieu que dans les bases, & toutes moulures creuses dans les bases est une Scotie.

SOCLE, est un massif quarré sur lequel on éleve ou l'édifice entier, ou une partie de l'édifice, particulièrement les colonnes.

SOFITE, est la superficie du dessous d'un membre d'Architecture; ainsi on dit la Sofite d'un larmier, &c.

T

TAILLOIR ou **ABAQUE**, est un membre plat & quarré qui sert comme de couvercle au chapiteau, & qui en est la dernière partie; ce Tailloir est exactement quarré dans le chapiteau Dorique; il l'étoit autrefois à l'Ionique; mais on l'a fait depuis semblable à celui du chapiteau Corinthien, c'est-à-dire qu'on l'a recoupé dans ses angles, & échancré à ses 4 faces.

TALON, ou gueule renversée, c'est une moulure moitié convexe & moitié concave, & dont la partie convexe est la plus saillante & la plus haute, le talon est le contraire de la douce ne. (*Voyez Pl. 1. Fig. 17.*)

Tige de la colonne, est la même chose que le fust.

Tigettes ou Caulicoles, sont les petites tiges d'Acanthe pliées en volutes au chapiteau Corinthien.

Tore, est la grosse moulure ronde des bases, elle est en forme de bourlet, & ne se trouve que dans les bases. (*Voyez Pl. 3. Fig. 3.*)

Triglyphe, est un membre quarré long, qui fait saillie sur la frise Dorique, & qui a deux enfoncemens triangulaires dans le milieu, qu'on nomme gravures, avec deux demi-gravures aux deux angles; on nomme l'entre-deux des gravures les cuisses du Triglyphe: on nomme aussi ses gravures canaux.

V

Vase de chapiteau, est dans le chapiteau Corinthien un membre qui lui sert de fond, & qui a l'air d'un vase oblong dont on apperçoit la levre sous le tailloir; c'est sur ce vase que sont rangées les feuilles d'Acanthe.

Volute, est la partie qui se plie en enroulemens, selon une ligne spirale au chapiteau Ionique: les Volutes du chapiteau Corinthien sont plus petites & naissent différemment.

F I N.

TABLE
DES CHAPITRES
CONTENUS DANS CET OUVRAGE.

CHAPITRE PREMIER.

DES PROCÉDÉS DE LA GÉOMÉTRIE PRATIQUE.

CHAPITRE SECOND.

CHAPITRE TROISIÈME.

CHAPITRE QUATRIÈME.

PROP.

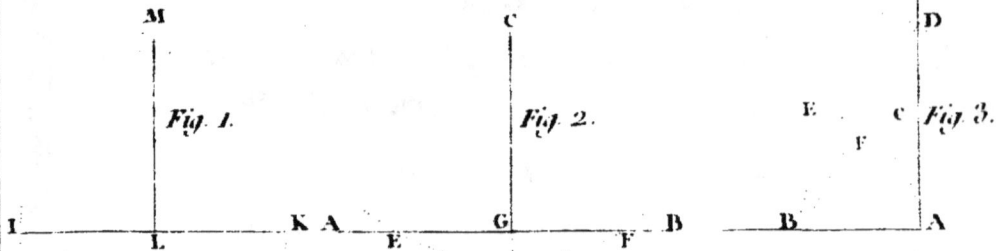

Fig. 1.

Fig. 2.

Fig. 3.

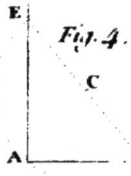

Fig. 4.

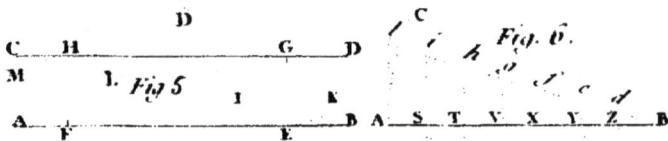

Fig 5

Fig. 6.

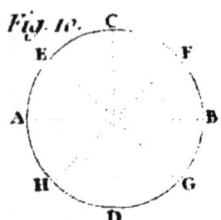

Fig. 7.

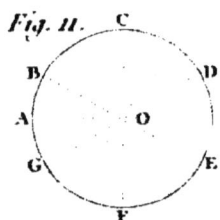

Fig. 8.

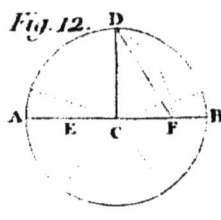

Fig. 9.

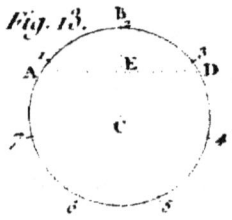

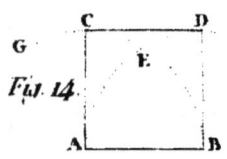

Fig. 10.

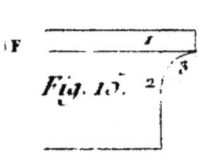

Fig. 11.

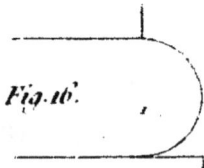

Fig. 12.

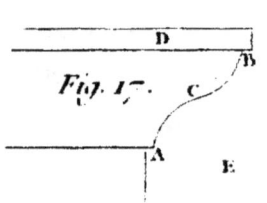

Fig. 13.

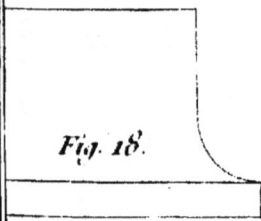

Fig. 14.

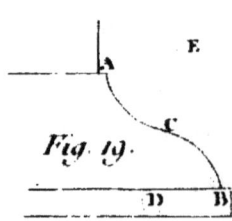

Fig. 15.

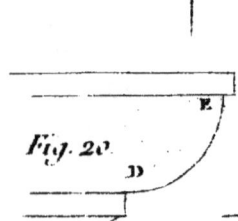

Fig. 16.

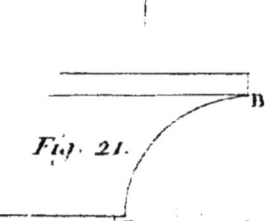

Fig. 17.

Fig. 18.

Fig. 19.

Fig. 20.

Fig. 21.

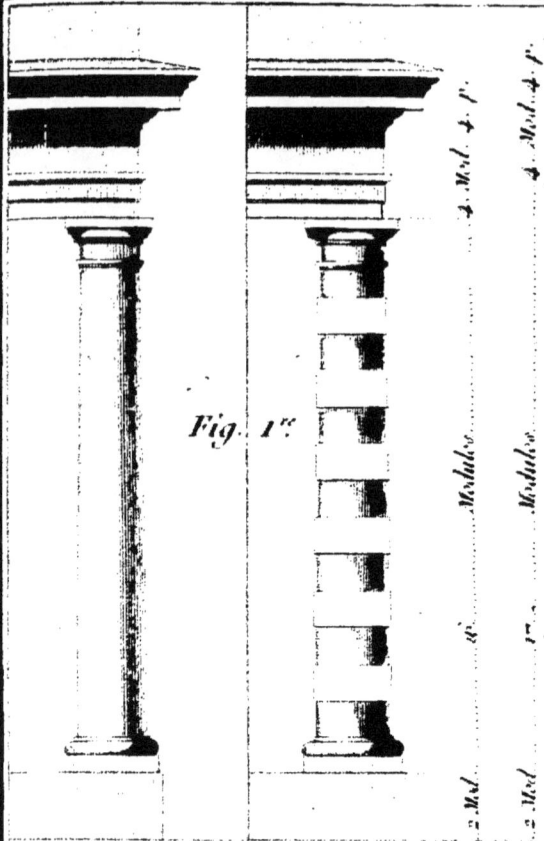

Fig. 1.

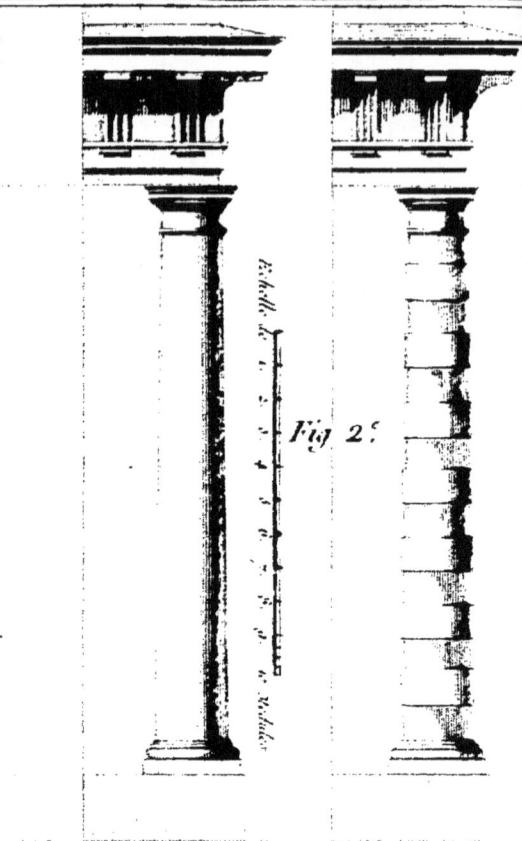

Fig. 2.

Fig. 3.

Plan

Fig. 4.

Plan

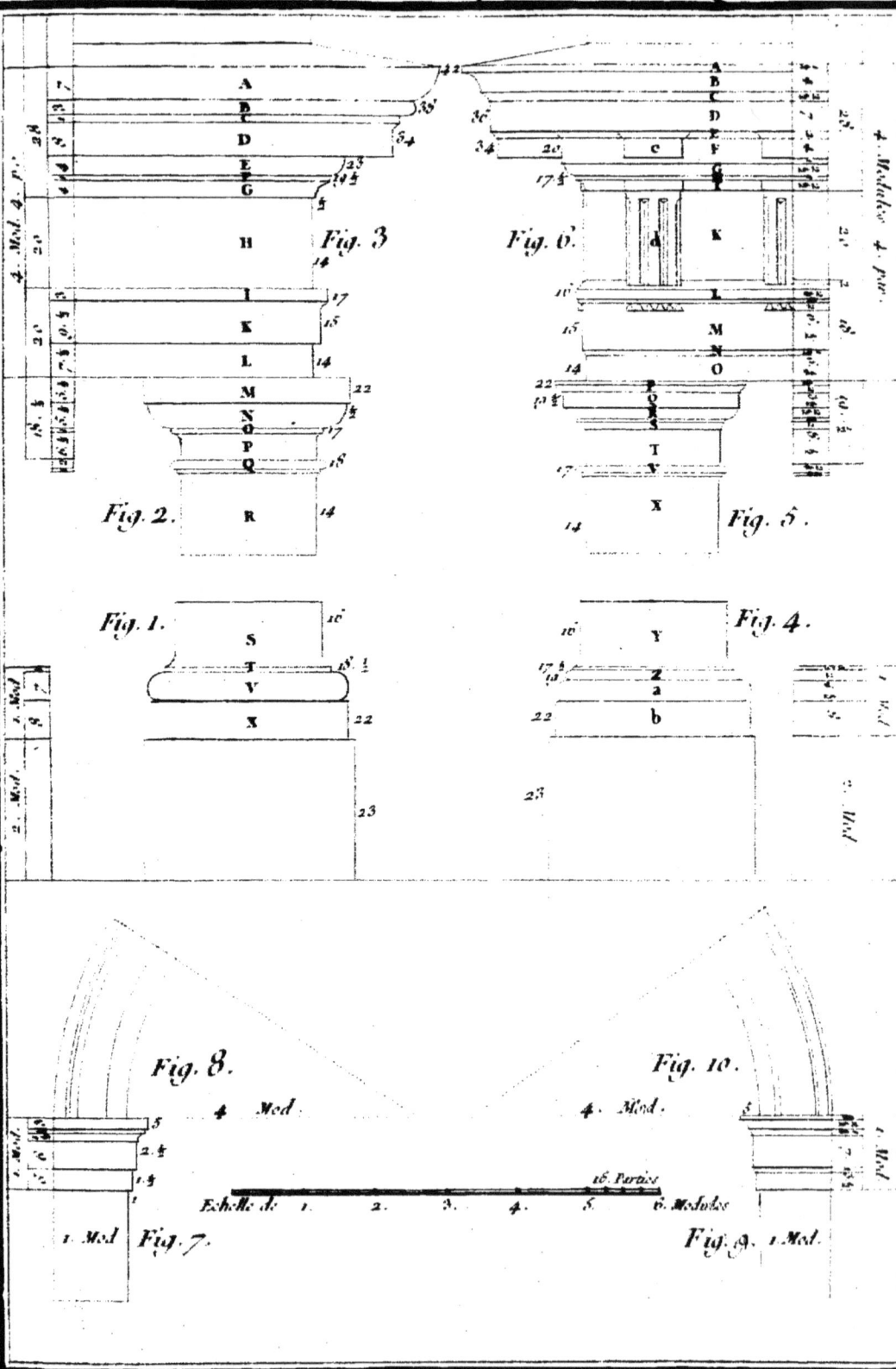

Fig. 3.

Fig. 6.

Fig. 2.

Fig. 5.

Fig. 1.

Fig. 4.

Fig. 8.

Fig. 10.

4. Med.

4. Med.

16. Parties

Echelle de. 1. 2. 3. 4. 5. 6. Modules

Fig. 7.

Fig. 9.

Module

Fig. 2.

12. *Toise.*

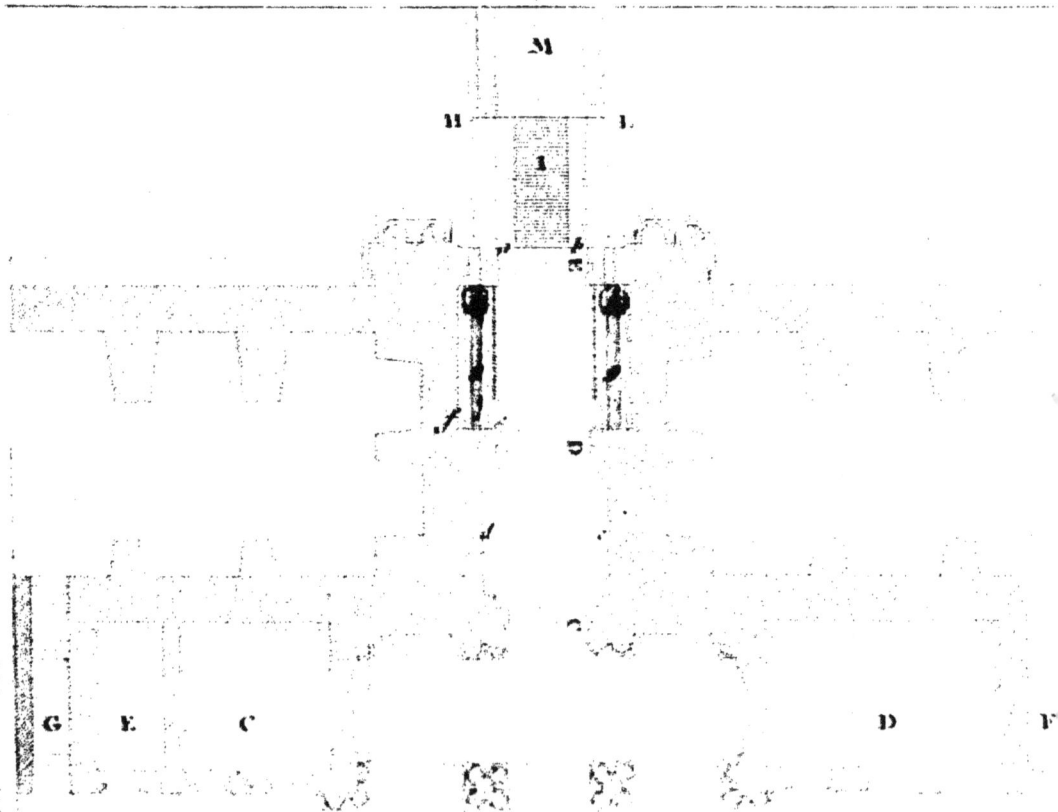

G   E   C   D   F

Fig. 1.

Fig. 5.

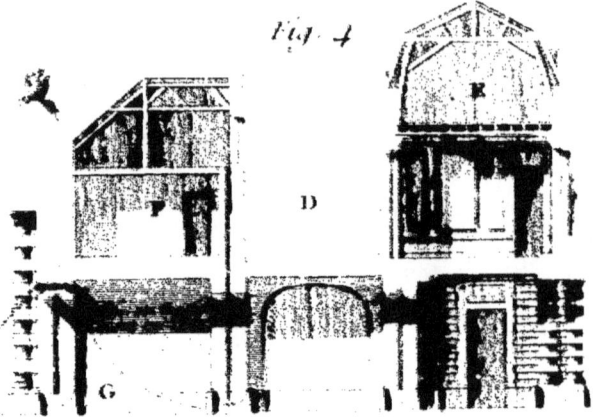

Fig. 4.

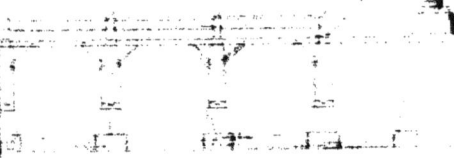

Fig. 3.

C
G

Fig. 1.

A

Fig. 2.

B

6. 12. Toises.

ARCHITECTURE MILITAIRE.

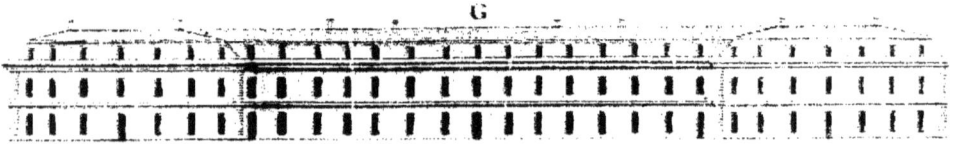

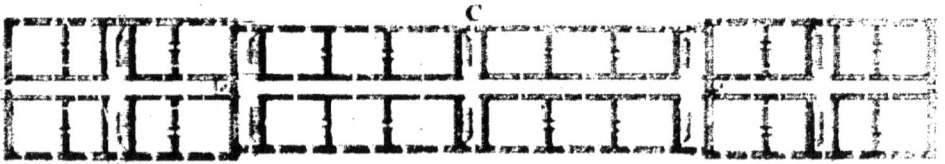

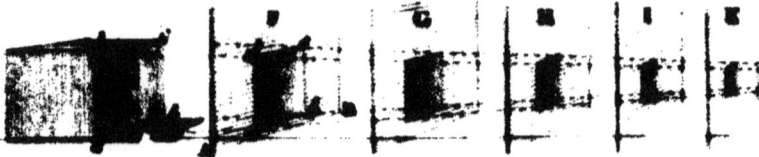

Fig. 1ᵉʳ

Fig. 3.

Fig. 2ᵉ

Fig. 4.

Fig. 6.

Fig. 7.

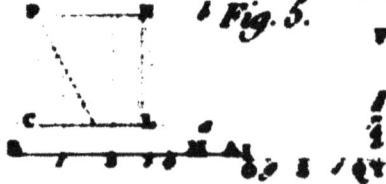

Fig. 5.

Fig. 8.

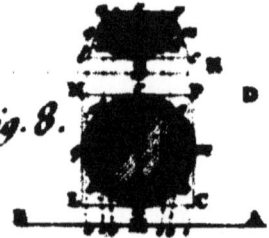

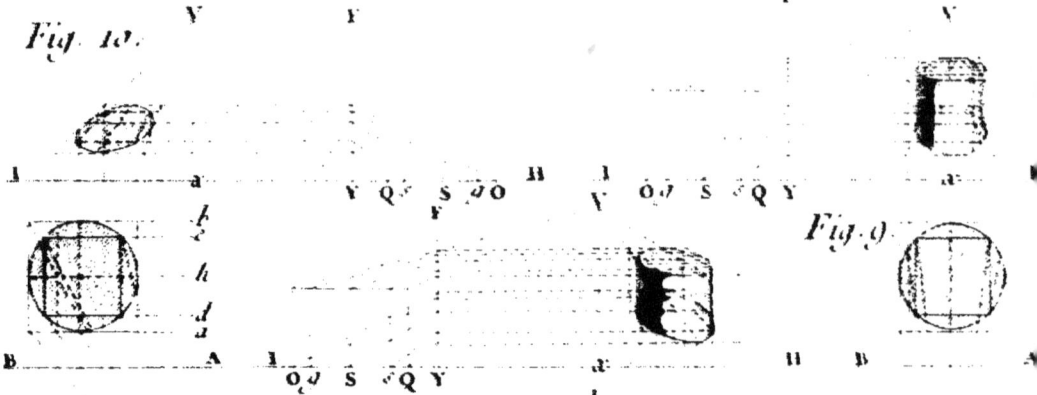

Fig. 10.

Fig. 9.

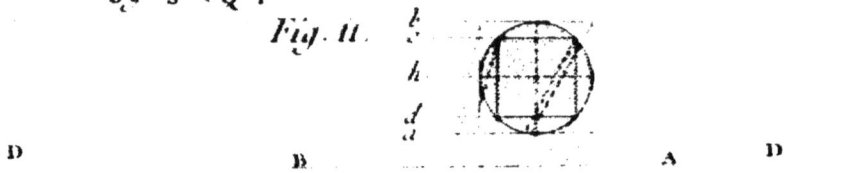

Fig. 11.

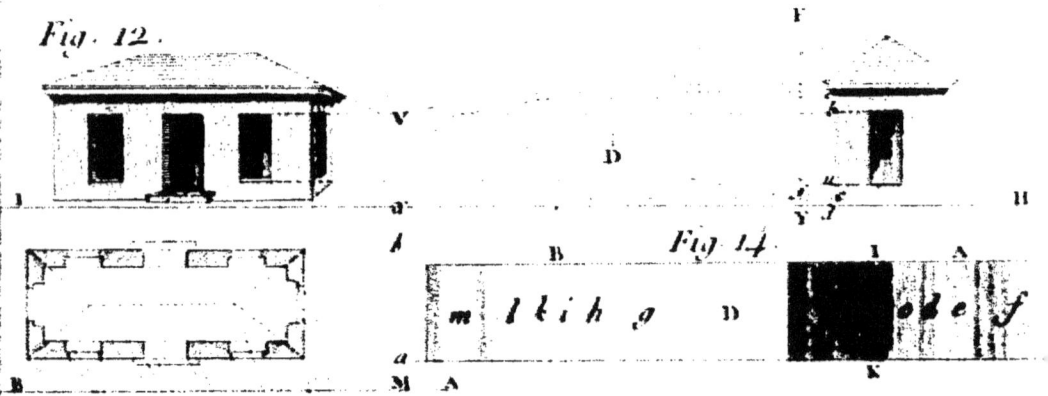

Fig. 12.

Fig. 14.

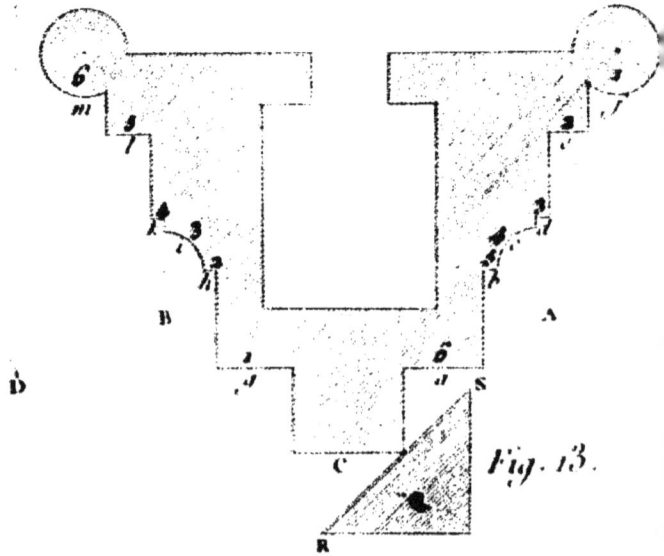

Fig. 13.

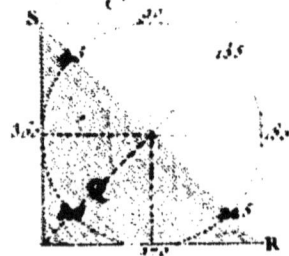

Fig. 15.

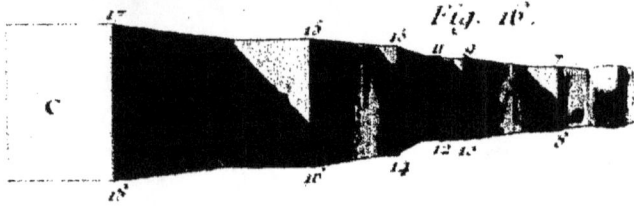

Fig. 16.

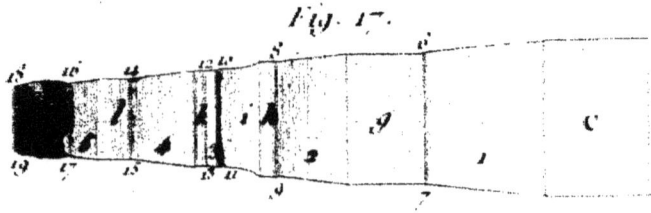

Fig. 17.

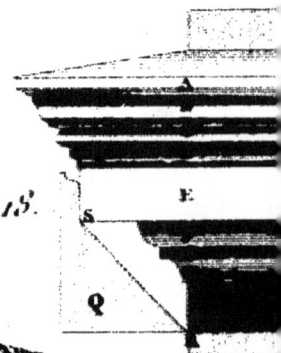

Fig. 18.

Fig. 19.

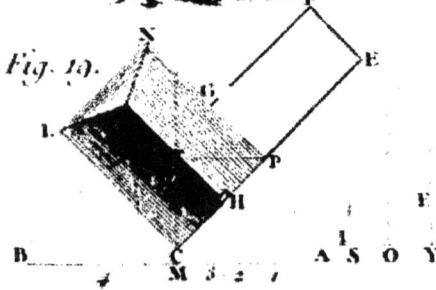

Fig. 21.

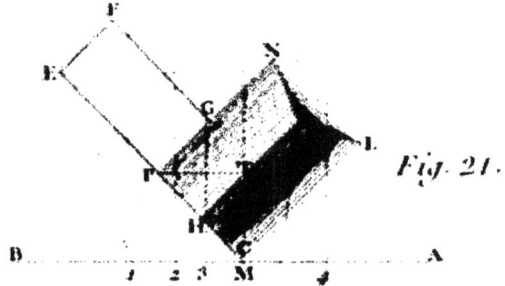

Fig. 20.

Fig. 24.

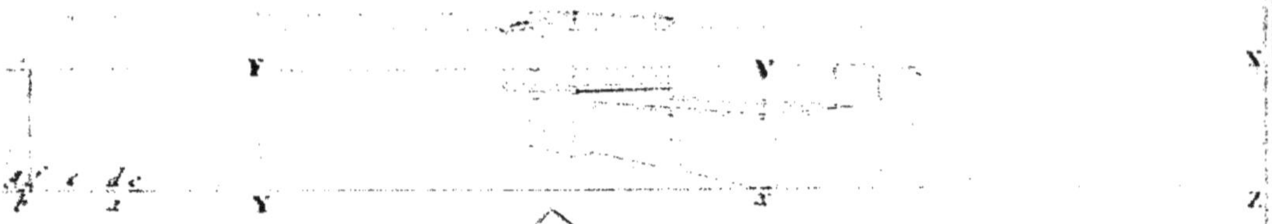

F V X

Y x Z

Fig. 22.

O T
  S
  R
  N Q
  P

B   A
      M

D

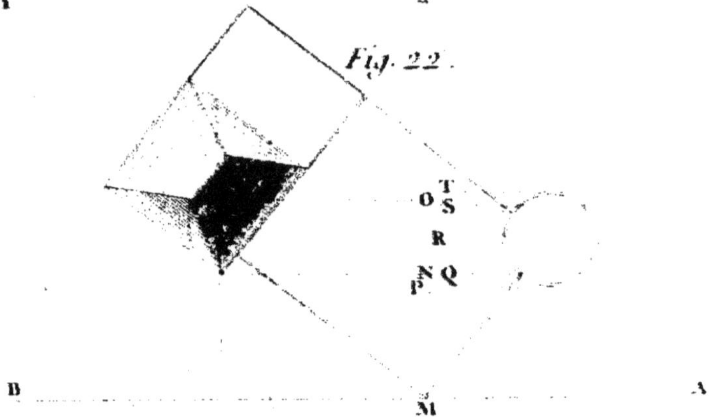

Fig. 23.

Fig. 25.

V   X

PERSPECTIVE

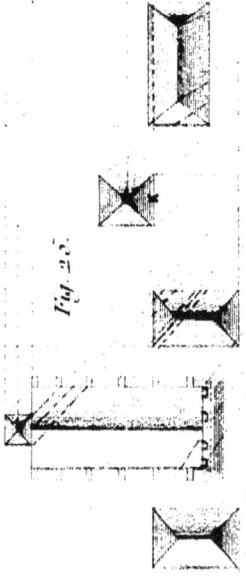

Fig. 28.

Fig. 25.

Fig. 26.

Fig. 27.

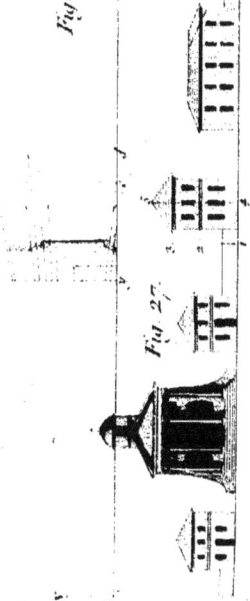

Fig. 31.

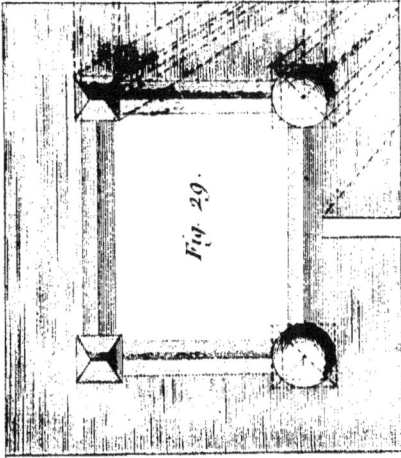

Fig. 29.

Fig. 30.

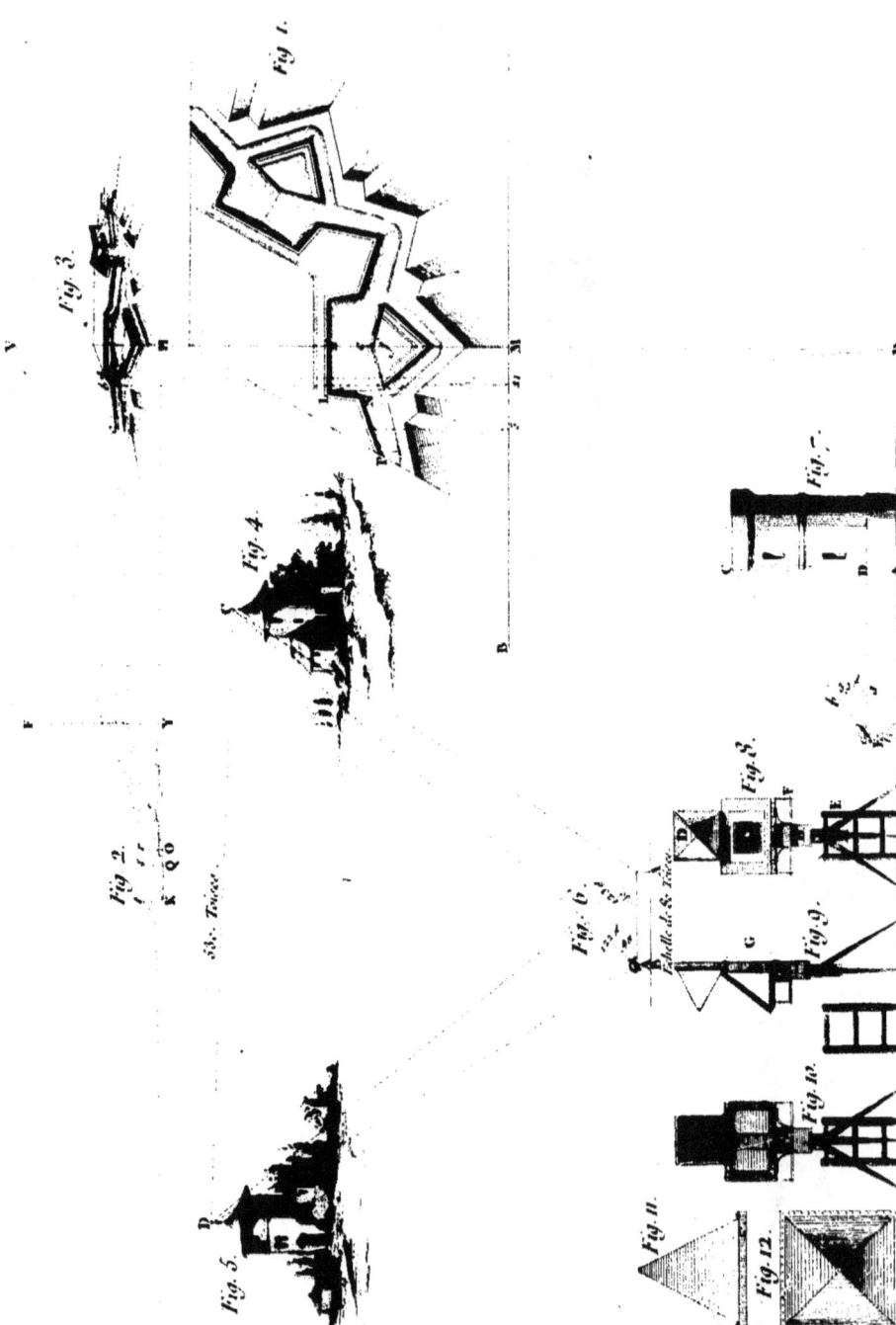

PERSPECTIVE.

Fig. 1.

Fig. 3.

Fig. 2.

Echelle de 8. Toise.

Fig. 4.

Fig. 5.

Fig. 6.

Fig. 7.

Fig. 8.

Fig. 9.

Fig. 10.

Fig. 11.

Fig. 12.

Echelle de 8 Pieds.

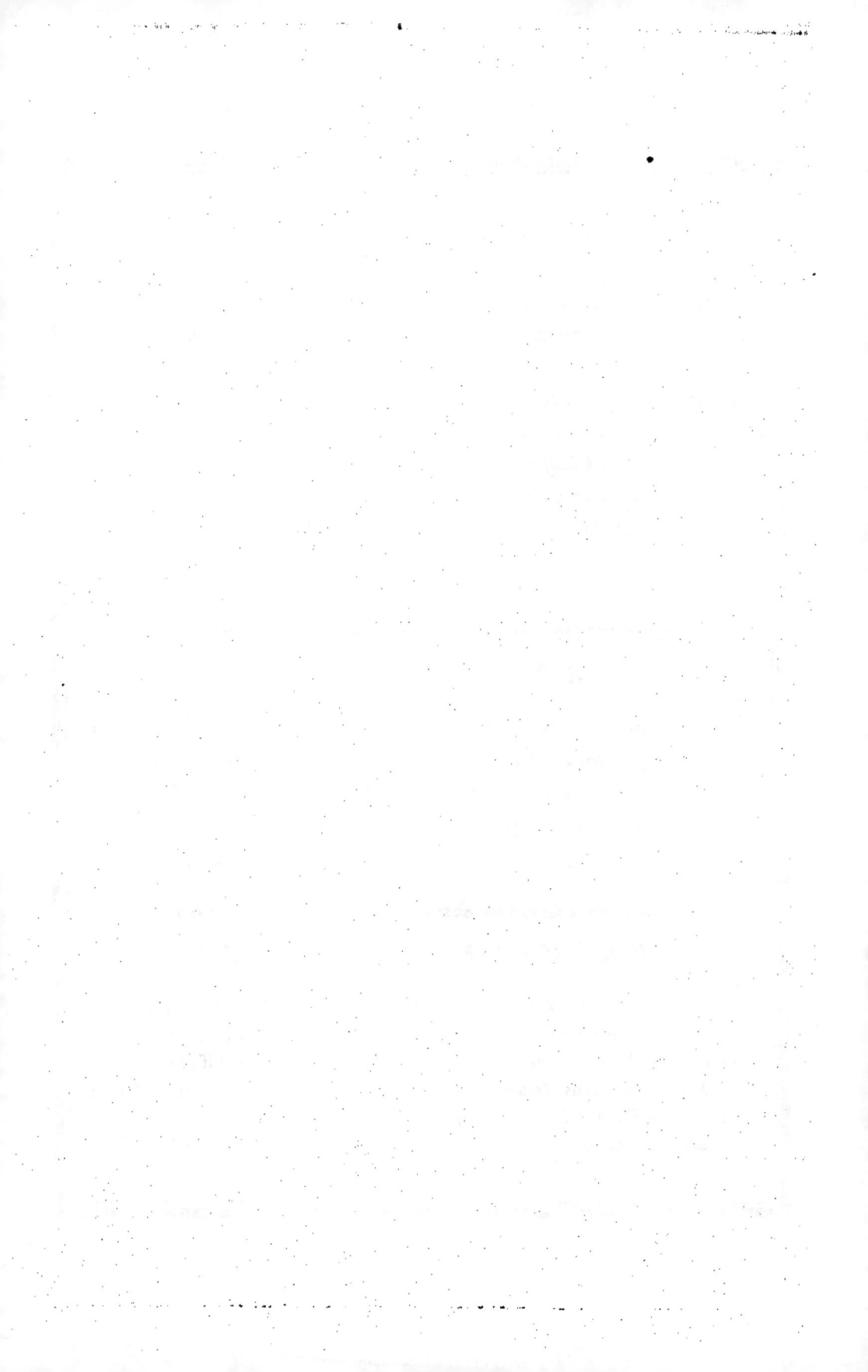

Fin de la Table.

A P P R O B A T I O N.

J'a i examiné par ordre de Monfeigneur le Chancelier *le Cours de Géométrie pratique, d'Architeƈure Militaire, de Perfpeƈive & de Payfage,* & je n'y ai rien trouvé qui en puiffe empêcher l'impreffion; à Bourg en Breffe, le 30 Oƈobre 1772.

Signé, **DE LA LANDE,** Cenfeur Royal.

P R I V I L E G E   D U   R O I.

LOUIS, par la grace de Dieu, Roi de France et de Navarre; A nos amés & féaux Confeillers les Gens tenant nos Cours de Parlement, Maitres des Requétes Ordinaires de notre Hôtel, Grand-Confeil, Prévôt de Paris, Baillifs, Sénéchaux, leurs Lieutenans Civils, & autres nos Jufticiers qu'il appartiendra : Salut. Notre amé le Sieur Dupuis Nous a fait expofer qu'il defireroit faire imprimer & donner au Public, un *Cours de Géométrie pratique, d'Architeƈure, de Perfpeƈive & de*

Pavſage, *par M.* Dupuis, s'il Nous plaiſoit lui accorder nos Lettres de Privilege pour ce néceſſaires. A ces Causes, voulant favorablement traiter l'Expoſant,
Nous lui avons permis & permettons par ces Préſentes, de faire imprimer ledit
Ouvrage autant de fois que bon lui ſemblera, & de le vendre, faire vendre &
débiter par tout notre Royaume, pendant le tems de ſix années conſécutives, à
compter du jour de la date des Préſentes. Faiſons défenſes à tous Imprimeurs,
Libraires & autres perſonnes, de quelque qualité & condition qu'elles ſoient,
d'en introduire d'impreſſion étrangère dans aucun lieu de notre obéiſſance. Comme
auſſi d'imprimer, ou faire imprimer, vendre, faire vendre, débiter ni contre-
faire ledit Ouvrage, ni d'en faire aucuns Extraits, ſous quelque prétexte que ce
puiſſe être, ſans la permiſſion expreſſe & par écrit dudit Expoſant, ou de ceux
qui auront droit de lui, à peine de confiſcation des Exemplaires contrefaits, de
trois mille livres d'amende contre chacun des contrevenans, dont un tiers à Nous,
un tiers à l'Hôtel-Dieu de Paris, & l'autre tiers audit Expoſant, ou à celui qui
aura droit de lui, & de tous dépens, dommages & intérêts; à la charge que ces
Préſentes ſeront enregiſtrées tout au long ſur le Regiſtre de la Communauté des
Imprimeurs & Libraires de Paris, dans trois mois de la date d'icelles; que l'impreſſion dudit Ouvrage ſera faite dans notre Royaume & non ailleurs, en beau
papier & beaux caractères, conformément aux Réglemens de la Librairie, &
notamment à celui du dix Avril mil ſept cent vingt-cinq, à peine de déchéance
du préſent Privilege; qu'avant de l'expoſer en vente, le manuſcrit qui aura ſervi
de copie à l'impreſſion dudit Ouvrage, ſera remis dans le même état où l'appro-
bation y aura été donnée, ès mains de notre très-cher & féal Chevalier, Chancelier Garde des Sceaux de France, le Sieur de Maupeou; qu'il en ſera enſuite
remis deux Exemplaires dans notre Bibliotheque publique; un dans celle de notre
Château du Louvre, & un dans celle dudit Sieur de Maupeou; le tout à peine
de nullité des Préſentes : du contenu deſquelles vous mandons & enjoignons de
faire jouir ledit Expoſant & ſes ayans cauſe, pleinement & paiſiblement, ſans
ſouffrir qu'il leur ſoit fait aucun trouble ou empêchement. Voulons que la copie
des Préſentes, qui ſera imprimée tout au long, au commencement ou à la fin
dudit Ouvrage, ſoit tenue pour duement ſignifiée, & qu'aux copies collationnées
par l'un de nos amés & féaux Conſeillers Secretaires, foi ſoit ajoutée comme à
l'original. Commandons au premier notre Huiſſier ou Sergent ſur ce requis, de
faire pour l'exécution d'icelles tous actes requis & néceſſaires, ſans demander autre

permiſſion, & nonobſtant clameur de Haro, charte Normande, & lettres à ce contraires : Car tel eſt notre plaiſir. Donné à Paris le treizième jour du mois de Janvier l'an de grace mil ſept cent ſoixante treize, & de notre Règne le cin quante-huitième. Par le Roi en ſon Conſeil, *Signé* LE BEGUE.

Regiſtré ſur le Regiſtre XIX. de la Chambre Royale & Syndicale des Libraires & Imprimeurs de Paris, N°. 2352. fol. 16. conformément au Réglement de 1723, qui fait défenſes, Art. 4. à toutes perſonnes, de quelque qualité & condition qu'elles ſoient, autres que les Libraires & Imprimeurs de vendre, débiter, faire afficher aucuns livres pour les vendre en leurs noms, ſoit qu'ils s'en diſent les Auteurs ou autrement, & à la charge de fournir à la ſuſdite Chambre huit Exemplaires preſcrits par l'Article 108. du même Réglement. A Paris, le 25 Janvier 1773. Signé, C. A. JOMBERT, père, Syndic.

www.ingramcontent.com/pod-product-compliance
Lightning Source LLC
Chambersburg PA
CBHW070015110426
42741CB00034B/1892